I0073192

Aufgaben und Formeln aus Aerodynamik und Flugmechanik

Von

Gerhard Siegel VDI

**Dozent für Flugzeugbau
an der Ingenieurschule Weimar**

2. Auflage

Mit 50 Bildern

München und Berlin 1943

Verlag von R. Oldenbourg

Druck von R. Oldenbourg, München

Printed in Germany

Manuldruck von F. Ullmann G. m. b. H., Zwickau Sa.

Vorwort.

Das Bedürfnis nach einer allgemeinverständlichen Aufgabensammlung über das Gebiet der Aerodynamik und der Flugmechanik besteht überall, wo junge Menschen sich in diese Gebiete einarbeiten wollen. So an allen Hoch- und Fachschulen, in der Luftfahrtindustrie und in der Luftwaffe.

In mehrjähriger Dozententätigkeit empfand ich den Mangel an einer solchen Aufgabensammlung besonders stark, einmal, weil man gezwungen war, für jede Prüfung neue Aufgaben zu ersinnen, besonders aber aus der Tatsache heraus, daß die Studierenden in den wenigen Aufgaben, die der umfangreiche Vortrag zuläßt, nur unvollkommen geschult werden konnten und sehr oft um private Übungsaufgaben baten.

Es erschien mir zweckmäßig, die Aufgabensammlung gleichzeitig als Formelsammlung auszubauen, damit ein mühsames Nachsuchen in der stark zerstreuten Literatur erspart wird. Die theoretischen Grundlagen sind vor allem in dem Buch »Jaeschke R., Flugzeugberechnung«, Bd. I u. II, Verlag R. Oldenbourg, München 1939, und in dem Werk »Siegel G., Angewandte Lastannahmen über Luftkräfte an Flugzeugen«, Verlag Volckmann Nachf. Wette, Berlin-Charlottenburg 2 1938, zu finden.

Der Aufgabenstoff ist so reichlich gewählt, daß es kaum möglich sein wird, in einem Lehrgang alle Beispiele durchrechnen zu lassen.

Die Aerodynamik ist ausschließlich vom Gesichtspunkt des praktischen Flugzeugbauers her behandelt und berücksichtigt neueste Erkenntnisse über Turbulenzeinfluß.

Die Flugmechanik in diesem Buche bringt neben den Grundflugzuständen eine Reihe Erfahrungsformeln für den Entwurf und die Flugleistungsberechnung.

Als besonders fruchtbar für das schnelle und gründliche Eindringen in die Aerodynamik und Flugmechanik hat sich

1*

die Behandlung der Belastungsfälle nach den Deutschen Bauvorschriften für Flugzeuge, Fassung 1936 (BVF) erwiesen. Deshalb wurde diesem Gebiet der dritte Hauptteil ausschließlich gewidmet.

In einem Anhang werden neben einer Reihe gebräuchlicher Motor- und Segelflugzeugprofile eine Anzahl Kurven und Tafeln gebracht, die allgemeine Gültigkeit haben und die Durchführung der Rechnungen wesentlich erleichtern. Der Anhang bietet mit verschiedenen Übersichten und Tafeln Unterlagen und Anhaltspunkte für die Herstellung neuer, ähnlicher Aufgaben, wie es sich mitunter für Prüfungen als nötig erweisen wird.

Die Lösungen der Aufgaben, die nicht unter den einzelnen Abschnitten gelöst werden, sind nur in ihren Endresultaten am Schluß des Buches verzeichnet. Damit wird lediglich die Möglichkeit gegeben, die Richtigkeit der Durchführung einer Aufgabe zu prüfen. Der Gang der Rechnung bleibt dem Studierenden überlassen, wobei zu beachten ist, daß in aerodynamischen und flugmechanischen Aufgaben der Genauigkeitsgrad sehr oft nicht besonders groß ist, da Ablesungen und Interpolationen nötig werden, die stark individuell beeinflußt ausfallen.

Wenn dieses Buch dazu beitragen kann, recht vielen Ingenieuren und Studierenden den Weg zum vollen Verständnis der flugmechanischen Zusammenhänge zu ebnen, um dadurch mit bestem Wirkungsgrad für die Leistungsfähigkeit und für das Ansehen der deutschen Luftfahrt zu schaffen, hat es seinen Zweck erfüllt.

Weimar, im Herbst 1939

Gerhard Siegel.

Inhaltsverzeichnis.

I. Aerodynamik.

1. Grundgesetze.

a) Der Stetigkeitssatz.

$$\boxed{v_1 \cdot f_1 = v_2 \cdot f_2} \quad (\text{m}^3/\text{s}) \tag{1}$$

$$\boxed{\frac{v_1}{v_2} = \frac{f_2}{f_1} = \frac{\sqrt{q_1}}{\sqrt{q_2}}} \quad \ldots\ldots\ldots\ldots\ldots\ldots \tag{1a}$$

$v = $ Strömungsgeschwindigkeit (m/s),
$f = $ Strömungsquerschnitt (m²),
$v \cdot f = $ sekundliche Durchflußmenge (m³/s),
$q = $ Strömungsstaudruck (siehe Abschnitt 1b) (kg/m²).

Aufgabe 1: In einem Freistrahlwindkanal herrscht im Düsenquerschnitt von 6 m Durchmesser eine Windgeschwindigkeit von 60 m/s. Durch Vorsetzen einer anderen Düse soll erreicht werden, daß die Windgeschwindigkeit im Düsenquerschnitt 250 m/s beträgt. Welchen Durchmesser muß die neue Düse erhalten? (Bild 1.)

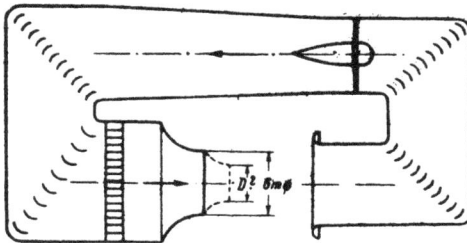

Bild 1.

Lösung: Der ursprünglich vorhandene Düsenquerschnitt f_1 hat den Durchmesser $d_1 = 6$ m. In ihm beträgt $v_1 = 60$ m/s. In der Vorsatzdüse soll $v_2 = 250$ m/s betragen. Gesucht ist ihr Querschnitt f_2 bzw. ihr Durchmesser d_2. Nach dem Stetigkeitssatz bleibt die sekundliche Durchflußmenge konstant:

$$v_1 \cdot f_1 = v_2 \cdot f_2,$$

also

$$f_2 = f_1 \frac{v_1}{v_2}$$

oder

$$\frac{\pi}{4} d_2{}^2 = \frac{\pi}{4} d_1{}^2 \cdot \frac{v_1}{v_2}$$

$$d_2 = d_1 \cdot \sqrt{\frac{v_1}{v_2}} = 6 \cdot \sqrt{\frac{60}{250}} = \underline{2{,}94} \text{ m.}$$

Aufgabe 2: Die Gebläseschraube eines Windkanales mit Rückführung arbeitet in einem kreisrunden Kanalquerschnitt von 3,5 m Durchmesser und erzeugt eine Strömungsgeschwindigkeit $v_1 = 32$ m/s. Welchen größten Durchmesser muß die Düse erhalten, damit im Meßquerschnitt eine Windgeschwindigkeit $v_2 = 60$ m/s zur Verfügung steht? Die Düse soll elliptischen Querschnitt erhalten. Der kleinste Durchmesser in senkrechter Richtung soll 1,5 m betragen.

Aufgabe 3: In einem Trudelwindkanal, den Bild 2 im Schnitt zeigt, beträgt die Geschwindigkeit des aufsteigenden

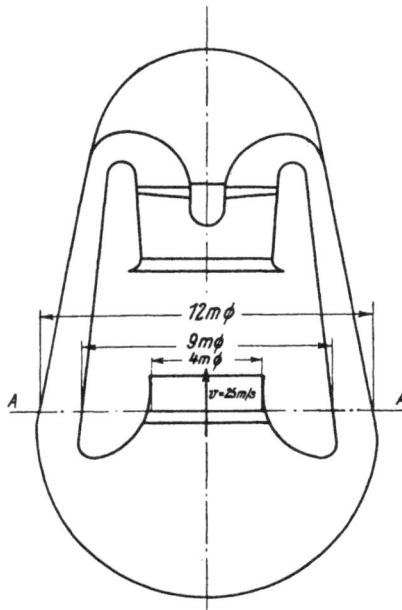

Bild 2.

Luftstromes $v = 25$ m/s. Der Wind **wird** oben umgelenkt und strömt zwischen Meßraum und Außenwand zurück. Wie groß ist die Strömungsgeschwindigkeit im Querschnitt A-A?

Aufgabe 4: Die Darstellung eines Strömungszustandes durch Stromlinien hat zur Grundlage, daß zwei benachbarte Stromlinien als Begrenzungsflächen zwischen Stromröhren anzusehen sind, innerhalb deren der Stetigkeitssatz gilt. Was bedeutet es demnach, wenn in der Darstellung eines Strömungsquerschnittes zwei Stromlinien den Abstand 1 cm und zwei andere den Abstand 2 cm haben in bezug auf Strömungsgeschwindigkeit und Staudruck an diesen Stellen?

Aufgabe 5: Auf welchen Durchmesser muß man die Düse eines Windkanals verändern, wenn die Windgeschwindigkeit verdoppelt werden soll?

Aufgabe 6: In einem Eisenbahntunnel weht ein Wind von 15 m/s, der dadurch entsteht, daß die allgemein herrschende Windrichtung auf den Tunneleingang zu steht. Der Tunnel hat halbkreisförmigen Querschnitt mit 5 m Radius.

Ein im Tunnel haltender Eisenbahnzug nimmt 60% des Tunnelquerschnittes ein.

Welche Geschwindigkeit herrscht zwischen Zug und Tunnelwänden?

Aufgabe 7: Ein Jagdflugzeug mit 500 km/h höchster Waagerechtgeschwindigkeit besitzt einen Bauchkühler auf der Rumpfunterseite von 0,6 m² größtem Querschnitt senkrecht zur Flugrichtung.

Die Austrittsöffnung für Kühlluft auf der Rückseite des Kühlers beträgt 0,25 m², um eine ausreichende Zufuhr von Kühlluft auch im Steigflug zu sichern.

Welche Luftgeschwindigkeit herrscht im größtem Querschnitt des Kühlers, wenn die darin liegenden wasserumspülten Rohre 62% des Querschnittes benötigen?

b) Druck und Geschwindigkeit.

α) Statischer Druck.

$$\boxed{p = h \cdot \gamma} \quad (kg/m^2) \quad \ldots \ldots \ldots \ldots \quad (2)$$

p = statischer Druck (kg/m²),
h = Höhe einer Flüssigkeitssäule (m),
γ = Wichte einer Meßflüssigkeit (kg/m³).

Beispiele für gebräuchliche Meßflüssigkeiten:

$$\gamma_{Wasser} = 1\,000 \text{ kg/m}^3 \qquad \gamma_{Petroleum} = 800 \text{ kg/cm}^3$$
$$\gamma_{Weingeist} = 810 \quad \text{»} \qquad \gamma_{Quecksilber} = 13\,600 \quad \text{»}$$

$p = 1$ kg/cm² $= 10\,000$ kg/m² $= 10\,000$ mm WS (Wassersäule).

Aufgabe 8: An einen Preßluftwindkessel wird ein offenes U-Rohr angeschlossen (Bild 3). Die als Meßflüssigkeit im U-Rohr befindliche Quecksilbersäule verschiebt sich daraufhin um 1,1 m. Welcher statische Druck herrscht in dem Windkessel?

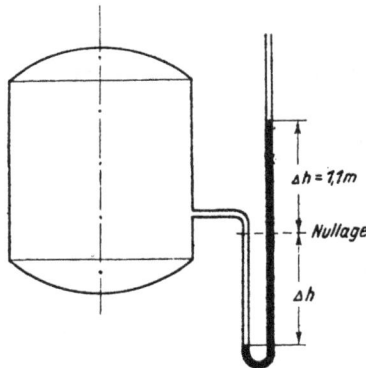

Bild 3.

Lösung: Der Verschiebung von 1,1 m nach oben entspricht eine gleichzeitige Senkung des Quecksilberspiegels in dem anderen U-Rohr-Schenkel von ebenfalls 1,1 m. Der Innendruck des Windkanals hält demnach einer Quecksilbersäule von 2,2 m Höhe das Gleichgewicht.

$$p = h \cdot \gamma = 2,2 \cdot 13\,600 = 30\,000 \text{ kg/m}^2.$$
$$p = \underline{\textbf{3,0}} \text{ at.}$$

Aufgabe 9: Um die Verteilung des statischen Druckes um
ein Tragflügelprofil zu messen, wird ein hohler Rechteckflügel
als Modell hergestellt, dessen Ober- und Unterseite an verschiedenen Punkten der Flügeltiefe mit Bohrungen versehen
sind. An diese Öffnungen sind Druckleitungen angeschlossen,
die zu einem Mikromanometer führen.

Bei einem solchen Druckmeßversuch, wobei das Modell
im Windkanal angeströmt wird, zeigt die Messung für

a) einen Punkt in 30% der Flügeltiefe auf der Oberseite eine
   Verschiebung des Meßflüssigkeitsspiegels $s = 8,5$ cm,

b) für den entsprechenden Punkt der Unterseite: $s = 3,2$ cm.

$$a) \qquad p_o = 23,6 \ \text{kg/m}^2,$$
$$p_u = \ 8,9 \quad »$$
$$b) \ p_o/p_u = 2,66 : 1.$$

Als Meßflüssigkeit wird Weingeist verwendet. Die Neigung des Mikromanometerschenkels beträgt $\beta = 20^0$ (Bild 4).

Wie groß sind die statischen Drücke in diesen Punkten
und wie verhalten sich die Drücke auf Ober- und Unterseite
zueinander?

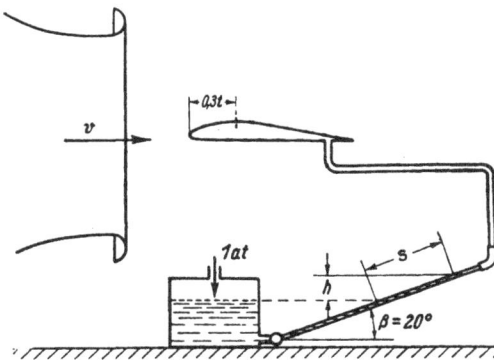

Bild 4.

Aufgabe 10: Bei einer Druckmessung im Fluge wird mittels U-Rohren, die laufend gefilmt werden und die ein Bild
der Verteilung des statischen Druckes über die Flügeltiefe ergeben, als höchster Manometerausschlag $h = 5,5$ cm festgestellt. Dabei betrug die Fluggeschwindigkeit $v = 250$ km/h.

Als Meßflüssigkeit fand aus Platzersparnis Quecksilber Verwendung.

Welche höchste statische Druckdifferenz tritt also bei dieser Fluggeschwindigkeit auf?

β) Staudruck und Geschwindigkeit.

$$\boxed{q = \frac{\varrho}{2} \cdot v^2} \; (kg/m^2) \quad \ldots \ldots \ldots \ldots \ldots \ldots \quad (3)$$

q = Staudruck (kg/m^2),

ϱ = Dichte des strömenden Gases bzw. der Flüssigkeit =

$\quad \dfrac{\gamma}{g} \; (kgs^2/m^4)$,

v = Strömungsgeschwindigkeit (m/s),

$g = 9{,}81$ = Erdbeschleunigung (m/s^2).

Die Luftdichte nimmt mit der Höhe ab. (Siehe Jaeschke, Flugzeugberechnung Bd. I, S. 103, Zahlentafel IX und Anhang S. 169.) In Bodennähe gilt

$$\varrho_0 = 0{,}125 = \frac{1}{8}$$

Aufgabe 11: Wie ändert sich der Staudruck für ein ins Wasser gleitendes Torpedo im Augenblick des Eindringens in die Wasseroberfläche, das bei einer Fluggeschwindigkeit von 260 km/h aus einem Seeflugzeug dicht über dem Wasserspiegel abgeworfen wird?

Lösung: Der Flugstaudruck q_1 beträgt:

$$q_1 = \frac{\varrho}{2} \cdot v^2 = \frac{1 \cdot v^2}{8 \cdot 2} = \frac{v^2}{16},$$

da die Meeresoberfläche als Höhe Null gilt.

Die Fluggeschwindigkeit beträgt: $v = \dfrac{260}{3{,}6} = 72{,}2 \text{ m/s}$.

Also

$$q_1 = \frac{72{,}2^2}{16} = \underline{\mathbf{327}} \text{ kg/m}^2$$

Im Augenblick des Eindringens ins Wasser herrscht noch die volle Fluggeschwindigkeit $v = 72{,}2$ m/s. Jedoch ist die Dichte des Wasser wesentlich höher, nämlich:

$$\varrho_{\text{Wasser}} = \frac{\gamma}{g} = \frac{1000}{9{,}81} = 102 \text{ kgs}^2/m^4.$$

Damit wird

$$q_2 = \frac{\varrho \cdot v^2}{2} = \frac{102 \cdot 72{,}2^2}{2} = \underline{267\,000} \ \text{kg/m}^2.$$

Man sieht daraus, welche ungeheuere Staudruckerhöhung beim Eintritt eines schnellfliegenden Körpers ins Wasser eintritt.

Aufgabe 12: Zur Geschwindigkeitsanzeige bei Gleit- und Segelflugzeugen benutzte man folgendes einfache Gerät: Eine Kreisscheibe war am Ende eines drehbar gelagerten Hebels befestigt. Der auf die Scheibe wirkende Staudruck bewegte sodann den Hebel um seinen Drehpunkt. Dabei mußte jedoch eine Spiralfeder ausgedehnt werden, so daß schließlich der Ausschlag der Scheibe gegenüber der Nulllage ein Maß für die Größe des Staudruckes darstellte (Bild 5). Bei einer Fluggeschwindigkeit von 35 km/h zeigt z. B. ein derartiges Gerät einen Ausschlag des Hebels von 10°. Welcher Winkel mußte sich dann bei $v = 70$ km/h einstellen, wenn die Senkung der Federbefestigung am Hebel vernachlässigt wird?

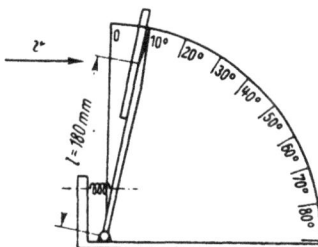

Bild 5.

Aufgabe 13: Der Staudruckmesser eines Flugzeuges zeigt 600 kg/m² an, während gleichzeitig der Höhenmesser auf 6000 m steht.

Wie groß ist die Fluggeschwindigkeit des Flugzeuges?

Aufgabe 14: Die Windgeschwindigkeit eines Windkanals wird meist mittels Prandtlschem Staurohr gemessen, an welches ein Mikromanometer (s. Bild 4) angeschlossen ist.

Für einen Windkanal ergibt sich ein Ausschlag der Flüssigkeitssäule im geneigten Schenkel des Mikromanometers $s = 240$ mm. Die Neigung des Schenkels beträgt $\beta = 14^0$. Als Meßflüssigkeit diente Weingeist. Welche Windgeschwindigkeit herrschte in dem Kanal?

γ) Bernoullischer Satz.

$$\boxed{p_1 + \frac{\varrho}{2}\, v_1{}^2 = p_2 + \frac{\varrho}{2}\, v_2{}^2} \quad \cdots \cdots \quad (4)$$

$$\boxed{p + q = p_g = \text{konstant}} \quad \cdots \cdots \quad (4\,\text{a})$$

$p_g = $ Gesamtdruck (kg/m²).

Aufgabe 15: An einem Flugzeug wird eine Sonde (Sersche Scheibe) nachgeschleppt. Das daran angeschlossene Druckanzeigeinstrument zeigt einen Unterdruck $p = 290$ kg/m² an. Gleichzeitig wird vom Flugzeug aus mittels Pitotrohr der Gesamtdruck zu $p_g = 10\,290$ kg/m² gemessen. Wie schnell fliegt das Flugzeug?

Lösung: Der statische Druck übersteigt gewöhnlich nicht 10 000 kg/m², da dies dem atmosphärischen Druck des Normaltages entspricht. Es ist zunächst

$$p_g = p + q = 10\,290 \text{ kg/m}^2.$$

Der mittels nachgeschleppter Sonde ermittelte statische Druck beträgt

$$p = 10\,000 - 290 = 9710 \text{ kg/m}^2.$$

Nach dem Bernoullischen Satz ist der Staudruck gleich der Differenz aus Gesamtdruck und statischem Druck:

$$q = p_g - p = 10\,290 - 9710 = 580 \text{ kg/m}^2.$$

Hierzu gehört eine Geschwindigkeit:

$$v = 4\sqrt{q} = 96{,}4 \text{ m/s} = \mathbf{346} \text{ km/h}.$$

Aufgabe 16: Eine Fliegerbombe fällt mit der errechneten Endgeschwindigkeit, die in 2000 m Höhe 350 km/h beträgt. In der zylindrischen Wandung befindet sich eine Druckanbohrung in einem Bereich, in dem eine um 25°/₀ höhere Strömungsgeschwindigkeit als im ungestörten Gebiet herrscht. Welcher Druck herrscht im Inneren der Bombe? Der Druck der ruhenden Luft betrage 1 at = 1 kg/cm² in Bodennähe.

Aufgabe 17: Ein Prandtlsches Staurohr zeigt unmittelbar die Differenz zwischen Gesamtdruck und statischem Druck, **also den Staudruck an.** Somit kann bei entsprechender Eichung

des Anzeigeinstrumentes das Staurohr als Geschwindigkeits-
messer verwendet werden.

Als Anzeigegerät diene beispielsweise ein Mikromanometer
(s. Bild 4). Die Schenkelneigung betrage $\beta = 17^0$. Bei einer
Messung ergibt sich eine Verschiebung des Meßflüssigkeitsspiegels um $s = 195$ mm.

a) Welche Luftgeschwindigkeit ist erforderlich, um diese
Mikromanometeranzeige zu bewirken, wenn als Meßflüssigkeit
Wasser verwendet wird?

b) Welcher Strömungsgeschwindigkeit von Wasser würde
diese Anzeige entsprechen, wenn Quecksilber als Meßflüssigkeit dient?

Aufgabe 18: In einem Venturi-Windkanal von 64 cm
Durchmesser des Meßquerschnittes beträgt die höchste Windgeschwindigkeit $v = 25$ m/s. Im Eintrittsquerschnitt, der
148 cm Durchmesser aufweist, herrscht mit großer Annähe-
rung der atmosphärische Druck (Bild 6).

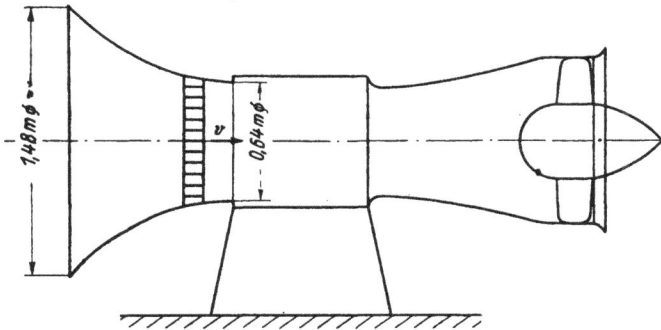

Bild 6.

a) Welcher statische Druck p_2 herrscht im geschlossenen
Meßraum?

b) Welcher Staudruck q_2 herrscht im Düsenquerschnitt?

c) Welcher Gesamtdruck p_g herrscht im Meßraum?

Aufgabe 19: Der Druckunterschied in einer Düse beträgt
zwischen Eingangs- und Ausgangsquerschnitt 400 kg/m². Der
Eintrittsdurchmesser ist $D_1 = 2,5$ m. Die Eintrittsgeschwin-

digkeit beträgt $v_1 = 56,5$ m/s. Wie groß ist das Verhältnis der Querschnittsflächen bei 1 und 2? (Bild 7).

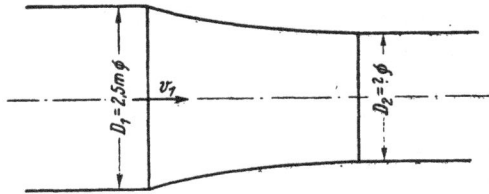

Bild 7.

Aufgabe 20: Ein Prandtlsches Staurohr zeigt in einer Strömung einen Überdruck von 70 mm Wassersäule mittels des angeschlossenen U-Rohres und einen zugehörigen Unterdruck von ebenfalls 70 mm WS an. Welche Geschwindigkeit herrscht in der Luftströmung? ($\varrho = {}^1/_8$.)

2. Der Widerstand.

$$\boxed{W = c_w \cdot q \cdot F}\ \text{(kg)} \ \ldots \ldots \ldots \ldots \ldots \ldots (5)$$

W = Widerstand (Kraft in Strömungsrichtung),

c_w = dimensionsloser Beiwert, der die Form und Oberflächenbeschaffenheit des umströmten Körpers kennzeichnet.

q = Staudruck (s. Abschnitt 1b) (kg/m^2),

F = Bezugsfläche (m^2):

a) bei sog. Widerstandskörpern die größte Querschnittsfläche senkrecht zur Strömungsrichtung (Spantfläche, Schattenfläche oder Stirnfläche).

b) bei sog. tragenden Teilen (Tragfläche, Leitwerk) die Projektionsfläche parallel zur Strömungsrichtung.

Aufgabe 21: Wie groß ist der Widerstand einer nach vorn offenen Halbkugel von 80 cm Durchmesser bei einer Geschwindigkeit $v = 130$ km/h gegenüber der Strömung? Und um wieviel Prozent ändert sich der Widerstand dieser Halbkugel, wenn sie um 180° gedreht wird, d. h. nach hinten offen ist?

Lösung: Aus Windkanalmessungen ist als Widerstandsbeiwert für beide Formen ein Wert bekannt, der von der Oberflächenbeschaffenheit ziemlich unabhängig ist, da durch die unstetige Form der Halbkugel der Druck- oder Formwiderstand weitaus überwiegt. Es gilt

a) für die nach vorn offene Halbkugel: $c_{w_1} = 1,33$,

b) » » » hinten » » $c_{w_2} = 0,34$.

Der Widerstand der nach vorn offenen Halbkugel ergibt sich zu

$$W = c_{w_1} \cdot q \cdot F = 1,33 \cdot q \cdot F.$$

Der Staudruck beträgt in Bodennähe: bei $v = 130$ km/h $= 36$ m/s

$$q = \frac{v^2}{16} = \frac{36^2}{16} = 81,3 \text{ kg/m}^2.$$

Die Querschnittsfläche der Halbkugel im größten Durchmesser ist

$$F = \frac{\pi}{4} \cdot D^2 = 0,5 \text{ m}^2.$$

Mit diesen Werten ergibt sich

$$W = 1,33 \cdot 81,3 \cdot 0,5 = 54 \text{ kg}.$$

Durch das Umdrehen der Halbkugel nimmt der Widerstand erheblich ab. Da Staudruck und Stirnfläche gleich bleiben, verhalten sich die Widerstände wie die Widerstandsbeiwerte:

$$\frac{W_2}{W_1} = \frac{c_{w_2}}{c_{w_1}} = \frac{0,34}{1,33} = 0,26,$$

d. h. der Widerstand der nach hinten offenen Kugel beträgt nur 26% der nach vorn offenen, oder der Widerstand hat um 74% abgenommen.

Aufgabe 22: Welche Widerstandskraft wirkt auf eine Kugel von 10 cm Radius, wenn eine Windgeschwindigkeit von 150 km/h herrscht? ($c_w = 0,3$.)

Aufgabe 23: Der Widerstandsbeiwert des skizzierten Ballonrades, wie es für Flugzeugfahrwerke verwendet wird, beträgt nach Messungen $c_w = 0,3$ (Bild 8). Der reichlich hohe Widerstandsbeiwert soll durch eine strömungstechnisch richtige Radverkleidung[1]) auf $c_w = 0,1$ herabgesetzt werden. Um wieviel Kilogramm sinkt durch diese Maßnahme der Gesamtwiderstand eines Zweibeinfahrwerkes bei einer Reisegeschwindigkeit des Flugzeuges $v_R = 350$ km/h in 2000 m Höhe?

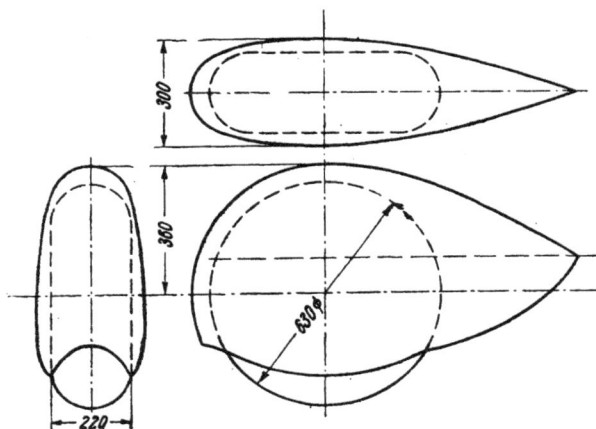

Bild 8.

Aufgabe 24: Welchen Durchmesser muß ein Fallschirm erhalten, der höchstens eine Fallgeschwindigkeit von 5 m/s erreichen soll? Das Gewicht des Piloten einschließlich Fallschirm und Ausrüstung wird zu 100 kg angenommen. ($c_w = 1,33$, da der Fallschirm als nach vorn (unten) offene Halbkugel angesehen werden kann.)

Aufgabe 25: Ein Flugzeugrumpf hat bei einer Fluggeschwindigkeit über Grund von 300 km/h und einem gleichzeitigen Gegenwind von 40 m/s Stärke in 4000 m Höhe einen Widerstand $W = 110$ kg zu überwinden. Der größte Querschnitt des Rumpfes senkrecht zur Strömungsrichtung, die sog. Stirnfläche, ist elliptisch mit den Achsen: $a = 1,1$ m und $b = 1,5$ m (Bild 9).

---

[1]) Stirnfläche elliptisch angenommen.

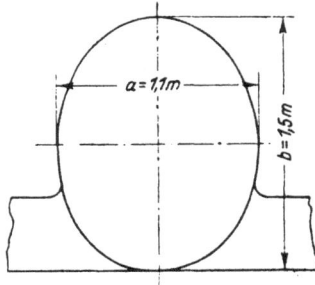

Bild 9.

Welchen Widerstandsbeiwert besitzt der Flugzeugrumpf?

Aufgabe 26: Ein voɪ. Luft umströmter Körper besitzt einen Widerstand $W = 28$ kg. Die Strömungsgeschwindigkeit beträgt $v = 42$ m/s. Die Stirnfläche des Körpers wird zu $F = 0,196$ m² ermittelt. Welche Form besitzt dieser Körper höchstwahrscheinlich?

Aufgabe 27: Welchen Widerstand hat ein Spanndraht von 5,5 m Länge, der um 60° gegen die Lotrechte nach hinten geneigt ist, bei einer Fluggeschwindigkeit $v = 180$ km/h? Drahtdurchmesser $d = 3,5$ mm.

Lösung: Nach Messungen beträgt der Widerstandsbeiwert eines ungeneigten Spanndrahtes etwa $c_w = 1,1$. Nach Messungen von Eiffel (s. Jaeschke Bd. I, S. 79, Bild 47) verringert sich der Widerstand des Drahtes durch die Neigung von 60° auf 20% des Widerstandes des ungeneigten Drahtes, da außer der Verkürzung der wirksamen Drahtlänge auch noch eine Verkleinerung des Stirnquerschnittes hinzukommt. Somit wird mit $v = 180$ km/h $= 50$ m/s:

$$W = 0,2 \cdot c_w \cdot q \cdot F,$$
$$q = \frac{v^2}{16} = 156 \text{ kg/m}^2,$$
$$F = l \cdot d = 5,5 \cdot 0,0035 = 0,01925 \text{ m}^2.$$

Es ergibt sich also ein Widerstand

$$W = 0,2 \cdot 1,1 \cdot 156 \cdot 0,01925 = \underline{\mathbf{0,66}} \text{ kg.}$$

Aufgabe 28: Bei einem Luftschiff von 35 m größtem Durchmesser haben die Flugversuche ergeben, daß eine Gesamtschraubenzugkraft $S = 4000$ kg nötig ist, um eine Geschwindigkeit $v = 125$ km/h zu erreichen. Welchen Widerstandsbeiwert besitzt dieses Luftschiff?

Aufgabe 29: Um wieviel Prozent bzw. um das Wieviel fache steigt der Widerstand eines Flugzeugrumpfes, der nach Messungen im Windkanal einen Widerstandsbeiwert $c_w = 0,12$ aufweist, wenn er bei geometrischer Ähnlichkeit so vergrößert wird, daß der größte Spantquerschnitt von 1,2 m² auf 2,4 m² wächst, während gleichzeitig die Fluggeschwindigkeit von 200 km/h auf 400 km/h erhöht wird?

Aufgabe 30: In einem Ort, der in 500 m Meereshöhe liegt, steht ein Windkanal für Widerstandsmessungen zur Verfügung, dessen höchste Windgeschwindigkeit bei voller Gebläseleistung $v = 35$ m/s beträgt.

a) Welcher höchste Staudruck herrscht im Meßquerschnitt dieses Kanals?

b) Wie groß muß der Meßbereich der Widerstandswaage nach oben reichen, wenn etwa folgende Körper noch untersucht werden sollen?

1. Eine rechteckige Platte, senkrecht zur Strömungsrichtung, von 1,5 m Länge und 1 m Höhe ($c_w = 1,12$),
2. eine nach vorn offene Halbkugel mit $d = 1,2$ m.

3. Der Auftrieb.

$$\boxed{A = c_a \cdot q \cdot F} \quad \text{(kg)} \quad \ldots \ldots \ldots \ldots \ldots \ldots \quad (6)$$

A = Auftrieb (Kraft senkrecht zur Strömungsrichtung),

c_a = dimensionsloser Beiwert, der die Form und die Anblasrichtung kennzeichnet,

q = Staudruck (s. Abschnitt 1 b) (kg/m²),

F = tragende Bezugsfläche (m²). Bei Tragflügel und Leitwerk gleich Projektion der Fläche auf die Sehnen- oder Tangentenrichtung des Profils.

Aufgabe 31: Im Luftstrom eines kleinen Freistrahlwindkanales befindet sich ein rechteckiger Modellflügel von 20 cm Spannweite und 4 cm Flügeltiefe, der in einem Drehpunkt außerhalb des Luftstromes so gelagert ist, daß er Bewegungen in senkrechter Richtung ausführen kann. Eine Federzugwaage verhindert jedoch diese Bewegung, so daß die Federkraft unter Berücksichtigung des Hebelverhältnisses $a : b$ (Bild 10) die Größe der Auftriebskraft angibt, die im Flächenmittelpunkt des Tragflügels angreift. Wenn P die Federzugkraft darstellt, dann gilt:

$$A = \frac{a}{b} \cdot P \ \text{(kg)}.$$

Der Anstellwinkel des Tragflügels kann auf einer Winkeleinteilung abgelesen werden. Die zugehörige Strömungsgeschwindigkeit wird mittels Staurohr und Mikromanometer ermittelt.

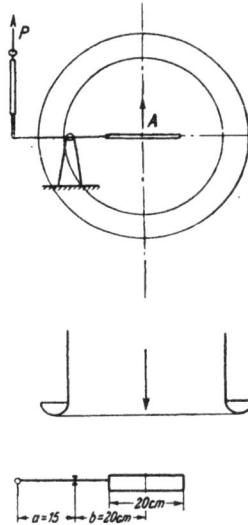

Bild 10.

Beispielsweise zeigt die Federzugwaage bei einem Anstellwinkel $\alpha = 9^0$ eine Kraft $P = 315$ g an. Gleichzeitig wird am Mikromanometer, dessen beweglicher Schenkel um 12^0 geneigt ist, eine Verschiebung des Meßflüssigkeitsspiegels (Petroleum) $s = 190$ mm abgelesen. Welcher Auftriebsbeiwert c_a herrscht sodann am Modellflügel?

Lösung: Aus Bild 10 ergibt sich: $a = 15$ cm, $b = 20$ cm.

Der Staudruck wird aus der Mikromanometeranzeige berechnet:

$$q = p = h \cdot \gamma = s \cdot \sin \beta \cdot \gamma = 0,19 \cdot 0,208 \cdot 800 = \textbf{31,6 kg/m}^2.$$

Dazu gehört eine Windgeschwindigkeit

$$v = 4\sqrt{q} = 4\sqrt{31,6} = 22,5 \ \text{m/s}.$$

Die Auftriebskraft erhält man unter Berücksichtigung des Hebelverhältnisses zu:

$$A = \frac{a}{b} \cdot P = \frac{15}{20} \cdot 0,315 = \textbf{0,236 kg}.$$

Die Tragfläche des Modellflügels beträgt:

$$F_{Tr} = b \cdot t = 0{,}2 \cdot 0{,}04 = \mathbf{0{,}008} \; m^2.$$

Nunmehr kann der Auftriebsbeiwert errechnet werden:

$$c_a = \frac{A}{q \cdot F_{Tr}} = \frac{0{,}236}{31{,}6 \cdot 0{,}008} = \underline{\mathbf{0{,}93}}.$$

Aufgabe 32: Welche Auftriebskraft wirkt an einem Rennwagen von 5 m² Grundrißfläche, dessen Längsschnitt einem Flügelprofil ähnelt, das nach Windkanalmessungen bei dem Anstellwinkel, der der Lage des Rennwagens gegenüber dem Erdboden entspricht, einen Auftriebsbeiwert $c_a = 0{,}12$ besitzt? Die Spitzengeschwindigkeit betrage 430 km/h. Die Rennstrecke liege in 500 m Höhe.

Aufgabe 33: In einen großen Windkanal von 6 m Durchmesser und einer höchsten Windgeschwindigkeit $v = 65$ m/s soll eine Auftriebswaage eingebaut werden. Für welche größte Auftriebskraft muß die Waage konstruiert werden, wenn Tragflügelmodelle von 4 m Spannweite und 0,8 m Flügeltiefe untersucht werden sollen? (Größter zu erwartender Auftriebsbeiwert bei sog. Klappenmessungen: $c_{a\,max} = 2{,}5$.)

4. Die Reynoldssche Zahl.

$$\boxed{R = \frac{l \cdot v}{\nu}} \qquad \dots \dots \dots \dots \dots \dots \quad (7)$$

$$\boxed{\nu = \frac{\mu}{\varrho}} \quad (cm^2/s) \quad \dots \dots \dots \dots \dots \dots \quad (8)$$

$R =$ dimensionsloser Kennwert zur Kennzeichnung der geometrischen und dynamischen Ähnlichkeit verschiedener Strömungen um Körper,

$l =$ Ausdehnung des umströmten Körpers in Strömungsrichtung (cm),

$v =$ Strömungsgeschwindigkeit (cm/s),

$\nu =$ kinematische Zähigkeit der strömenden Flüssigkeit bzw. des Gases (cm²/s),

$\mu =$ Zähigkeitsziffer (kgs/cm²),

$\varrho =$ Dichte (kgs²/cm⁴).

Gebräuchliche Werte für kinematische Zähigkeiten:

ν für Luft: 0,139 bei $t_0 = 10^0$ Temperatur,

ν » » 0,144 » $t_0 = 15^0$ »

ν » Wasser: 0,013 » $t_0 = 10^0$ »

(S. a. Bittner, Tafeln für den Flugzeugbau, Verlag Volckmann Nachf. Wette, Berlin-Charl. 2, (Tafel Nr. 281).

Aufgabe 34: Ein Flugzeugschwimmer von 3 m Länge soll an einem Flugzeug angebracht werden, das eine Reisegeschwindigkeit von 250 km/h besitzt. Um den genauen Widerstandsbeiwert dieses Schwimmers zu ermitteln, was in natürlicher Größe in einem Windkanal nicht möglich ist, wird eine Widerstandsmessung in einem Wasserkanal vorgenommen. Dazu wird der Schwimmer in völlig eingetauchtem Zustand über eine längere Strecke durch den Kanal geschleppt. Mit welcher Geschwindigkeit muß der Schwimmer geschleppt werden, um geometrische und dynamische Ähnlichkeit der Strömungen zu erhalten?

Lösung: Die Forderung lautet, gleiche Reynoldssche Zahlen zu erzielen. Zunächst wird die R-Zahl berechnet, die den Strömungszustand im Fluge kennzeichnet: $v = 250$ km/h $= 6950$ cm/s

$$R = \frac{l \cdot v}{\nu} = \frac{300 \cdot 6950}{0,139} = 15 \cdot 10^6.$$

Da der Schwimmer in natürlicher Größe untersucht werden soll, ändert sich lediglich die kinematische Zähigkeit, die für Wasser 0,013 beträgt. Damit berechnet sich die erforderliche Schleppgeschwindigkeit im Wasserkanal:

$$v = \frac{R \cdot \nu}{l} = \frac{15 \cdot 10^6 \cdot 0,013}{300} = 650 \text{ cm/s}$$

$$v = 6,5 \text{ m/s} = \underline{\mathbf{23,4}} \text{ km/h}.$$

Es ist also nur ein Elftel der Fluggeschwindigkeit als Schleppgeschwindigkeit im Wasser erforderlich.

Aufgabe 35: Ein Trapezflügel hat innen am Rumpfanschluß eine Flügeltiefe $t_i = 2$ m bei einer Zuspitzung t_a/t_i

= 0,3 (Bild 11). Welche Reynoldsschen Zahlen herrschen an diesem Flügel bei 150 km/h Geschwindigkeit über Grund und 50 km/h Gegenwind?

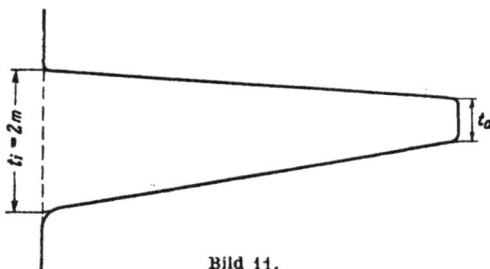

Bild 11.

Aufgabe 36: Welche Reynoldssche Zahl herrscht an einem Flugzeugschwimmer von 3,5 m Länge und einem Querschnitt (Stirnfläche) von 0,3 m²:

a) bei 300 km/h Fluggeschwindigkeit (vom Staudruckmesser angezeigt) und 25 m/s Rückenwind?

b) beim Wassern mit $v = 110$ km/h, wenn dabei der Schwimmer völlig überspült wird?

Aufgabe 37: Der Staudruckmesser zeigt bei einem Flugzeug in 2000 m Höhe einen Staudruck $q = 175$ kg/m² an. Gleichzeitig herrscht ein Gegenwind von 22 m/s. Welche Reynoldssche Zahl kennzeichnet den Strömungszustand um den Tragflügel dieses Flugzeuges, der bei rechteckigem Grundriß und einer Fläche $F_{Tr} = 20$ m² ein Seitenverhältnis $t/b = 1 : 7$ aufweist?

Aufgabe 38: Es ist die Reynoldssche Zahl zu berechnen, die den Strömungszustand um einen Flugzeugrumpf von 1 m Breite und 6 m Länge bei 350 km/h Fluggeschwindigkeit kennzeichnet!

Durch welche Modellgröße kann dieser Rumpf bei einer Schleppgeschwindigkeit von 70 km/h in einem Wasserkanal strömungstechnisch richtig ersetzt werden?

Aufgabe 39: Welche Reynoldssche Zahl herrscht an einem Rennwagen von 4 m Länge bei 400 km/h Geschwindigkeit in Luft von 10° Temperatur?

Mit welcher Windgeschwindigkeit müßte ein entsprechend großer Windkanal betrieben werden, um die gleiche R-Zahl an einem Modell zu erreichen, das eine Verkleinerung des Wagens im Maßstab 1 : 2,5 darstellt?

Aufgabe 40: An einem Flugzeugmodell werden in einem Windkanal Messungen ausgeführt, die Aufschluß über die Landeeigenschaften des Flugzeuges geben sollen. Die Bedingung dafür ist, daß die gleichen R-Zahlen als in der Wirklichkeit erreicht werden.

Die Modellspannweite $b' = 3$ m. Der Modellflügelgrundriß ist rechteckig bei einem Seitenverhältnis $t/b = 1 : 5$. Die Windgeschwindigkeit des Kanals beträgt $v = 70$ m/s.

Bis zu welcher mittleren Flügeltiefe t_m können unter Annahme einer Landegeschwindigkeit von 100 km/h die Meßergebnisse unmittelbar übertragen werden?

Aufgabe 41: In einem großen Windkanal mit 6 m Düsendurchmesser und einer Windgeschwindigkeit $v = 50$ m/s soll ein Tragflügelmodell von 4 m Spannweite untersucht werden. Die Versuchsergebnisse sollen auf ein Flugzeug von 25 m Spannweite und 4 m mittlerer Flügeltiefe bei einer Fluggeschwindigkeit kurz vor der Landung $v = 120$ km/h übertragen werden. Welche Flügeltiefe müßte das Modell erhalten? Kann die so berechnete erforderliche Flügeltiefe verwirklicht werden?

Aufgabe 42: Das Höhenleitwerk eines Flugzeuges von 4,2 m mittlerer Tiefe wird bei einer Fluggeschwindigkeit von 380 km/h durch eine Bö getroffen, die rückwärts gerichtet ist und 10 m/s Stärke besitzt. Welche Reynoldssche Zahl herrscht unter dem Einfluß der Bö an dem Höhenleitwerk?

Aufgabe 43: Welche R-Zahl herrscht an einem 3,8 m langen Torpedo, das an einem Flugzeug im freien Luftstrom aufgehängt ist und bei einer vom Staudruckmesser angezeigten Geschwindigkeit $v = 400$ km/h und 16 m/s Gegenwind befördert wird?

Wie ändert sich die R-Zahl beim Eintritt des Torpedos ins Wasser mit einer Geschwindigkeit von 200 km/h?

Aufgabe 44: Ein Flugzeug mit einer mittleren Flügeltiefe von 2 m fliegt mit 350 km/h über Grund bei 80 km/h Rückenwind und überholt einen Luftballon von 30 m Durchmesser.

Um wieviel Prozent ist die R-Zahl am Flugzeugflügel größer als die am Ballon?

Aufgabe 45: Um mit flugfähigen Modellen zahlenmäßig auswertbare Versuche anzustellen, müßte man sehr hohe Fluggeschwindigkeiten erreichen, was im allgemeinen nicht möglich ist, da die kleinen Benzin-Flugmotoren hohe Leistungsgewichte haben.

Welche Fluggeschwindigkeit müßte beispielsweise ein Flugmodell von 1,5 m Spannweite und 18 cm mittlerer Flügeltiefe erreichen, um einwandfreie Ergebnisse zu bringen, die auf eine Großausführung mit 10 m Spannweite und 1,2 m mittlerer Flügeltiefe unmittelbar übertragen werden könnten? Und zwar soll es genügen, wenn diese Werte auf die Landegeschwindigkeit der Großausführung von 75 km/h angewandt werden könnten.

5. Turbulenz.

$$T.F. = \frac{R_{\text{krit (freie Atmosphäre)}}}{R_{\text{krit (Windkanal)}}} \quad \dots \dots \dots \dots \dots (9)$$

$T.F.$ = Turbulenzfaktor = Maß für den Turbulenzgrad einer Strömung,

R_{krit} = kritische Reynoldssche Zahl, bei der der Widerstand einer Meßkugel stark absinkt, da die laminare Grenzschicht turbulent (durchwirbelt) wird.

R_{krit} = (freie Atmosphäre) $\sim 4,05 \cdot 10^5$.

Aufgabe 46: In einem Windkanal kleineren Durchmessers wird der Widerstand einer Kugel von 8,2 cm Durchmesser bei verschiedenen Anblasgeschwindigkeiten gemessen. Die Ergebnisse sind in der nachfolgenden Zahlentafel zusammengestellt. Welchen Turbulenzfaktor besitzt der Windkanal? ($\nu = 0,146$.)

Lösung: Die Rechnung wird tabellarisch durchgeführt. Es ist zunächst die Kurve $c_w = f(R)$ aufzustellen. Bei der Messung erhält man die Staudrücke q als Manometerablesungen und die Widerstände W als Anzeige der Komponentenwaage. Die zugehörigen Geschwindigkeiten v ergeben sich für Bodennähe zu:

$$v = \underline{4\sqrt{q}}.$$

Mit dem Kugeldurchmesser $D = 8,2$ cm als Ausdehnung des umströmten Körpers in Strömungsrichtung erhält man die Reynoldsschen Zahlen aus:

$$R = \frac{D \cdot v}{\nu} = \frac{8,2}{0,146} \cdot v = \mathbf{56,1 \cdot v}.$$

Schließlich errechnet man unter Berücksichtigung der Stirnfläche der Kugel $F = \frac{\pi}{4} \cdot D^2 = 53$ cm^2 = 0,0053 m^2 die verschiedenen Widerstandsbeiwerte nach der bekannten Beziehung:

$$c_w = \frac{W}{q \cdot F} = \frac{W}{q \cdot \mathbf{0,0053}}$$

$q^{\text{kg/m}^3}$	6,25	9,8	15	20	25	27,4
W^{kg}	0,017	0,022	0,029	0,030	0,034	0,036
$v^{\text{m/s}}$	10	12,5	15,5	17,5	20	21
R	56200	70000	87100	98400	112100	118000
c_w	0,515	0,419	0,366	0,283	0,256	0,251

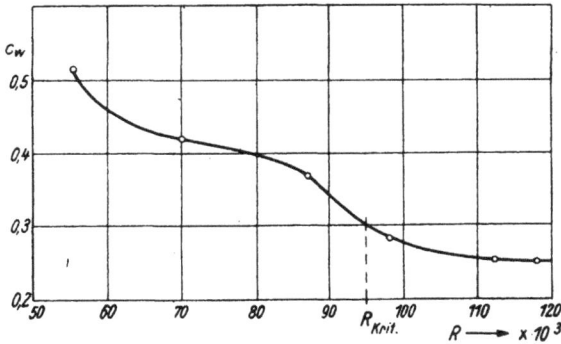

Bild 12.

Die Kurve $c_w = f(R)$ ist in Bild 12 aufgetragen. Die Abminderung des Widerstandsbeiwertes ist deutlich zu sehen. Die R-Zahl, die zum Schnittpunkt der Kurve mit $c_w = 0,3$ gehört, ist als kritische R-Zahl des Windkanals definiert. Es ergibt sich in diesem Falle:

$$R_{\text{krit}} \text{ (Kanal)} = \mathbf{95000}.$$

Der Turbulenzfaktor errechnet sich damit zu:

$$T.F. = \frac{R_{\text{krit (Luft)}}}{R_{\text{krit (Kanal)}}} = \frac{405 \cdot 10^3}{95 \cdot 10^3} = \underline{4{,}26.}$$

Aufgabe 47: Wie groß ist der Turbulenzfaktor in einem Kanal, in dessen Strömung eine Kugel mit dem Durchmesser $D = 15$ cm bei der Windgeschwindigkeit $v = 14$ m/s einen Widerstandsbeiwert $c_w = 0{,}3$ aufweist?

Aufgabe 48: Der 5×7 m-Windkanal der Deutschen Versuchsanstalt für Luftfahrt, Berlin-Adlershof wurde nach seiner Fertigstellung auf seine Turbulenz hin untersucht.

Eine polierte Stahlkugel von 150 mm Durchmesser ergab in Flugversuchen bei ruhiger Luft für $c_w = 0{,}3$ eine kritische Reynoldssche Zahl $R_{\text{kr}} = 4{,}05 \cdot 10^5$

Im Windkanal ergaben sorgfältige Messungen in verschiedenen Punkten der langen Achse des elliptischen Kanalquerschnittes eine mittlere kritische R-Zahl $R_{\text{kr}} = 3{,}67 \cdot 10^5$.

Wie groß ist der Turbulenzfaktor dieses Windkanals?

6. Windkanalleistung.

$$\boxed{\ddot{a} = \frac{N \cdot 75}{F \cdot \dfrac{\varrho}{2} \cdot v^3}} \quad \ldots \ldots \ldots \ldots \ldots \ldots \quad (10)$$

$\ddot{a} =$ Leistungsbedarfszahl als Maß für die Leistungsfähigkeit und Wirtschaftlichkeit einer Windkanalanlage,

$N =$ Leistung an der Gebläsewelle (PS),

$F =$ Meß- bzw. Düsenquerschnitt (m²),

$\varrho =$ Luftdichte (kgs²/m⁴),

$v =$ Windgeschwindigkeit im Querschnitt F (m/s).

Aufgabe 49: Der kleine Windkanal der Aerodynamischen Versuchsanstalt Göttingen hat bei einem Düsendurchmesser $D = 2{,}24$ m eine höchste Windgeschwindigkeit $v = 58$ m/s. Das Gebläse leistet 300 PS. Wie groß ist die Kanalleistungsbedarfszahl $\ddot{a}$? ($\varrho = \frac{1}{8}$.)

Lösung:

$$\ddot{a} = \frac{N \cdot 75}{F \cdot \dfrac{\varrho}{2} \cdot v^3} = \frac{300 \cdot 75 \cdot 16}{3{,}95 \cdot 58^3} = \underline{0{,}465.}$$

Aufgabe 50: Welche Antriebsleistung ist für das Gebläse eines Windkanals von 2 m Düsendurchmesser erforderlich, um bei einer Leistungsbedarfszahl $\ddot{a} = 0,6$ an einem Tragflügelmodell mit der Spannweite $b = 1,2$ m und dem Seitenverhältnis $t/b = 1 : 6$ (Rechteckflügel) eine Reynoldssche Zahl $R = 600000$ zu erreichen?

Aufgabe 51: Welche Antriebsleistung benötigt ein kleiner Windkanal von 64 cm Düsendurchmesser, um eine Windgeschwindigkeit $v = 25$ m/s zu erreichen, wenn die Leistungsbedarfszahl $\ddot{a} = 1$ sein soll?

Aufgabe 52: Der Windkanal der Technischen Hochschule Braunschweig erreicht nach Angaben von Hoerner (Luftfahrtforschung 1937, Lfg. 1, S. 36) eine höchste Strahlgeschwindigkeit $v = 59$ m/s im Düsenquerschnitt von 1,32 m² Fläche. Die Gebläsehöchstleistung beträgt 106 kW.

a) Welche Leistungsbedarfszahl besitzt diese Windkanalanlage bei Höchstgeschwindigkeit?

b) Der Durchmesser der Gebläseschraube beträgt 1,82 m. Welche mittlere Luftgeschwindigkeit herrscht demnach im Gebläsequerschnitt?

c) Der Querschnitt der Gleichrichterebene mißt 6,25 m². Welcher Staudruck wirkt auf den Gleichrichter?

d) Die kritische Reynoldssche Zahl einer Meßkugel liegt im Mittel bei $R_{krit} = 3,1 \cdot 10^5$. Welchen Turbulenzfaktor hat der Windkanal?

e) Welche größte R-Zahl kann bei Profilmessungen am Rechteckmodell erreicht werden, wenn die Modellspannweite $^2/_3$ des Düsendurchmessers einnehmen darf und das Seitenverhältnis $1 : 5$ betragen soll?

Aufgabe 53: Für den großen 5×7 m-Windkanal der Deutschen Versuchsanstalt für Luftfahrt wird eine Leistungsbedarfszahl $\ddot{a} = 0,5$ angegeben (s. Z. d. VDI, 1936, S. 952). Der Stromquerschnitt in der Freistrahldüse beträgt 27,4 m². Erforderlich ist eine Antriebsleistung von 2720 PS.

a) Welche höchste Windgeschwindigkeit kann erreicht werden?

b) Die Gleichrichterebene hat einen elliptischen Querschnitt von 13,8 m Breite und 9,9 m Höhe. Welche Geschwindigkeit herrscht vor dem Gleichrichter?

c) Welche Kraft würde auf einen aufrecht stehenden Menschen wirken, der bei voll laufendem Kanal vor dem Gleichrichter stünde? Als c_w wird 0,6 angenommen. Die Stirnfläche eines Menschen beträgt etwa 0,6 m².

d) Welche Kraft würde hingegen auf einen aufrecht stehenden Menschen im Meßquerschnitt wirken?

7. Der Tragflügel.

a) Der Widerstand des Tragflügels.

$$\boxed{W_{Tr} = c_{w_{Tr}} \cdot q \cdot F_{Tr}} \text{ (kg)} \quad \ldots \ldots \ldots \ldots \ldots (11)$$

$c_{w_{Tr}}$ = Widerstandsbeiwert des Tragflügels,
F_{Tr} = Grundrißfläche des Tragflügels,

$$\boxed{c_{w_{Tr}} = c_{w_p} + c_{w_i}} \quad \ldots \ldots \ldots \ldots \ldots (12)$$

c_{w_p} = Profilwiderstandsbeiwert (aus Messungen),
c_{w_i} = Randwiderstandsbeiwert (Beiwert des induzierten Widerstandes),

$$\boxed{c_{w_i} = \frac{c_a^2}{\pi} \cdot \lambda} \quad \ldots \ldots \ldots \ldots \ldots (13)$$

c_a = Auftriebsbeiwert am Tragflügel,
λ = Seitenverhältnis,

$$\boxed{\lambda = \frac{F_{Tr}}{b^2}} \quad \ldots \ldots \ldots \ldots \ldots (14)$$

b = Spannweite des Tragflügels.

Bei Rechteckflügeln gilt:

$$\lambda = \frac{t}{b}$$

t = Flügeltiefe.

Umrechnung von einem Seitenverhältnis λ_1 auf ein anderes λ_2:

$$\boxed{c_{wTr_2} = c_{wTr_1} - \Delta c_w} \qquad \ldots \ldots \ldots \ldots \quad (15)$$

$$\boxed{\Delta c_w = \frac{c_a^2}{\pi} (\lambda_1 - \lambda_2)} \qquad\qquad (15\,a)$$

c_{wTr_1} = Widerstandsbeiwert bei λ_1,
c_{wTr_2} = Widerstandsbeiwert bei λ_2,
Δc_w = Änderung der Widerstandsbeiwerte durch den Einfluß des Seitenverhältnisses.

Aufgabe 54: Die Luftschraube eines horizontal fliegenden Flugzeuges muß einen Schub $S = 280$ kg aufbringen, um den Gesamtwiderstand des Flugzeuges zu überwinden. Es wird dabei eine Horizontalgeschwindigkeit von 420 km/h erreicht. Die Tragfläche beträgt $F_{Tr} = 14$ m². Aus Tragflügelmodellmessungen ist bekannt, daß zu dem Anstellwinkel des Horizontalfluges ein Tragflügelwiderstandsbeiwert $c_{wTr} = 0{,}012$ gehört.

Welchen Anteil in Prozenten des gesamten Schubes beansprucht die Überwindung des Tragflügelwiderstandes?

Lösung: Der zu $v = 420$ km/h gehörige Staudruck in Bodennähe beträgt:

$$q = \frac{v^2}{16} = \frac{420^2}{16 \cdot 3{,}6^2} = \underline{\mathbf{851}} \text{ kg/m}^2.$$

Der Tragflügelwiderstand errechnet sich zu:

$$W_{Tr} = c_{wTr} \cdot q \cdot F_{Tr} = 0{,}012 \cdot 851 \cdot 14 = \underline{\mathbf{143}} \text{ kg.}$$

Da der Schub gleich dem Gesamtwiderstand sein muß, ist der Anteil des Tragflügelwiderstandes in Prozenten ausgedrückt durch:

$$\frac{W_{Tr}}{S} \cdot 100 = \frac{143}{280} \cdot 100 = \underline{\mathbf{51}}\,\%.$$

Aufgabe 55: Die Göttinger Meßergebnisse für das Profil Göttingen 535 sollen für ein Segelflugzeug mit der Spannweite $b = 20$ m und der Tragfläche $F_{Tr} = 16$ m² umgerechnet werden. Das Seitenverhältnis der Göttinger Messungen beträgt $\lambda_1 = \frac{1}{5} = 0{,}2$.

Welches $c_{w_{Tr}}$ ist bei einem Auftriebsbeiwert $c_a = 0,82$ für das Segelflugzeug zu erwarten?

Lösung: Es handelt sich um die Aufgabe, die Widerstandsbeiwerte von einem Seitenverhältnis λ_1 auf ein anderes λ_2 umzurechnen. Das Seitenverhältnis des Segelflugzeuges ist

$$\lambda_2 = \frac{F_{Tr}}{b^2} = \frac{16}{20^2} = 0,04 = 1:25.$$

Die Göttinger Profilmessungen findet man in den Göttinger Lieferungen Bd. I bis IV. Verlag R. Oldenbourg, München-Berlin. Das Profil Gö 535 ist im Bd. III enthalten (s. a. Jaeschke Bd. I, S. 71). Man findet dort zu dem Auftriebsbeiwert $c_a = 0,82$ gehörig ein $c_{w_{Tr_2}} = 0,0569$.

Dieser Wert wird nunmehr auf das neue Seitenverhältnis umgerechnet, um die Unterschiede im Anteil des Randwiderstandes zu berücksichtigen.

$$c_{w_{Tr_2}} = c_{w_{Tr_1}} - \Delta c_w$$

$$\Delta c_w = \frac{c_a^2}{\pi}(\lambda_1 - \lambda_2) = \frac{0,82^2}{\pi}(0,2 - 0,04)$$

$$\Delta c_w = 0,0343.$$

Damit wird

$$c_{w_{Tr_2}} = 0,0569 - 0,0343 = \mathbf{0,0226.}$$

Aufgabe 56: Wie groß ist der Profilwiderstandsbeiwert c_{w_p} des NACA-Profiles 23012 bei dem Auftriebsbeiwert $c_a = 0,4$? Die Kurve $c_{w_{Tr}} = f(c_a)$ ist im Anhang S. 151 für ein Seitenverhältnis $\lambda = 0$ gegeben (Bild 23).

Welchen Wert würde $c_{w_{Tr}}$ bei $c_a = 0,4$ annehmen, wenn das Profil 23012 in einem Rechteckflügel Verwendung findet, der 9 m Spannweite und 1,5 m mittlere Flügeltiefe besitzt?

Aufgabe 57: Um wieviel Prozent erhöht sich der Randwiderstand eines Flugzeuges bei $c_a = 0,7$, wenn bei gleicher Tragfläche $F_{Tr} = 12$ m² die Spannweite $b_1 = 18$ m um 25% verkürzt wird. Dabei betrage der Widerstand der nicht tragenden Teile (sog. schädlicher Widerstand) 30% des ursprünglichen Gesamtwiderstandes. Der Beiwert des Gesamtwiderstandes des Flugzeuges mit großer Spannweite betrug $c_{w_g} = 0,028$.

b) Der Auftrieb des Tragflügels.

$$\boxed{A = c_{a\,Tr} \cdot q \cdot F_{Tr}} \quad \text{(kg)} \quad \ldots \ldots \ldots \ldots \ldots \quad (16)$$

$c_{a\,Tr}$ = Auftriebsbeiwert des Tragflügels,
F_{Tr} = Grundrißfläche des Tragflügels (m²),

$$\boxed{c_{a\,Tr} = f(\alpha_{Tr})} \quad \ldots \ldots \ldots \ldots \ldots \ldots \quad (17)$$

α_{Tr} = Anstellwinkel = Winkel zwischen Profilsehne bzw. -tangente und Anblasrichtung.

Aufgabe 58: Welcher Auftriebsbeiwert $c_{a\,Tr}$ herrscht an dem Tragflügel eines Flugzeuges, das mit 130 km/h Geschwindigkeit in 1000 m Höhe waagerecht fliegt? Das Fluggewicht beträgt $G = 400$ kg und die Tragfläche mißt $F_{Tr} = 15$ m².

Lösung: Um waagerecht zu fliegen, muß der Auftrieb gleich dem Fluggewicht sein, also

$$G = A = 400 \text{ kg.}$$

Der Flugstaudruck beträgt

$$q = \frac{\varrho}{2} v^2 = \frac{0{,}1134}{2} \cdot 36{,}1^2 = \underline{\mathbf{74}} \text{ kg/m}^2.$$

Nunmehr erhält man den Auftriebsbeiwert zu

$$c_{a\,Tr} = \frac{A}{q \cdot F_{Tr}} = \frac{400}{74 \cdot 15} = \mathbf{0{,}36.}$$

Aufgabe 59: Ein Flugzeug von 1500 kg Fluggewicht soll bei einem Auftriebsbeiwert $c_a = 0{,}2$ mit einer Geschwindigkeit $v = 300$ km/h waagerecht fliegen, d. h. der Auftrieb muß gleich dem Gewicht sein. Welche Größe der Tragfläche ist erforderlich?

$$\boxed{\frac{d\,c_a}{d\,\alpha} = \frac{c_{a_0}}{\alpha_0}} \quad \ldots \ldots \ldots \ldots \ldots \ldots \ldots \quad (17\,\text{a})$$

$\dfrac{d\,c_a}{d\,\alpha}$ = Neigung der Kurve $c_a = f(\alpha)$, der sog. Auftriebsgeraden,

c_{a_0} = Auftriebsbeiwert bei $\alpha = 0^0$,

$\alpha_0 = \dfrac{\alpha_0^0}{57{,}3}$ = Anstellwinkel bei $c_a = 0$ (Nullanstellwinkel) (wird positiv eingesetzt!).

Aufgabe 60: Das Bild 13 zeigt die Auftriebsgerade $c_a = f(\alpha)$ für ein Flugzeug. Wie groß ist die Auftriebsneigung?

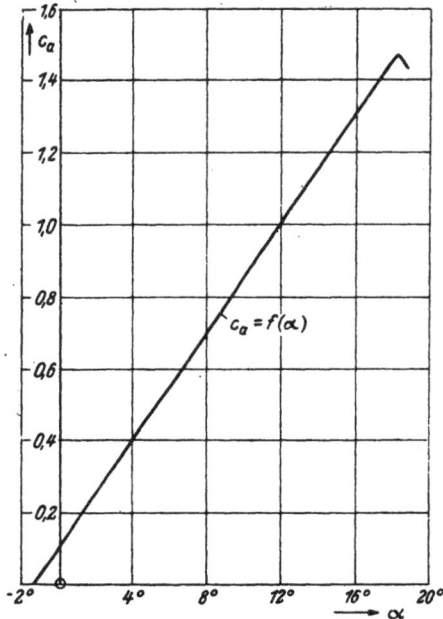

Bild 13.

Lösung: Im Bereich kleiner Anstellwinkel ist $c_a = f(\alpha)$ eine Gerade. Man ermittelt deshalb die Auftriebsneigung nach bekanntem Verfahren der analytischen Geometrie zu:

$$\frac{d c_a}{d \alpha} = \frac{\varDelta c_a}{\varDelta \alpha} = \frac{c_{a_2} - c_{a_1}}{\alpha_2 - \alpha_1}$$

Die Werte c_a und α können beliebig aus dem linearen Bereich der Kurve ausgewählt werden. Für genaue Ermittlungen empfiehlt sich, das Verfahren mit verschiedenen Punkten durchzuführen und einen Mittelwert zu bilden.

Aus dem Bild 13 liest man ab: $c_{a_0} = 0,1$ und $\alpha_0 = -1,3$

$$\frac{d c_a}{d \alpha} = \frac{0,1}{1,3} \cdot 57,3 = \underline{\mathbf{4,4}}$$

Oder auf allgemeine Art, indem zwei beliebige Punkte der Kurve herausgegriffen werden:

Z. B.:

$$c_{a_2} = 0,6, \quad \alpha_2 = 6,6$$
$$c_{a_1} = 0,2, \quad \alpha_1 = 1,37$$

$$\frac{d\,c_a}{d\,\alpha} = \frac{0,6 - 0,2}{6,6 - 1,37} \cdot 57,3 = \frac{0,4}{5,23} \cdot 57,3 = \mathbf{4,39}$$

$$\boxed{\overline{\alpha} = \alpha_0 + \alpha} \quad \ldots \ldots \ldots \ldots \ldots \ldots \ldots \quad (18)$$

$\overline{\alpha}$ = aerodynamischer Anstellwinkel,
α_0 = Nullanstellwinkel (Auftrieb = 0!),
α = Anstellwinkel,

$$\boxed{c_a = \frac{d\,c_a}{d\,\alpha} \cdot \overline{\alpha}} \quad \ldots \ldots \ldots \ldots \ldots \ldots \quad (19)$$

Formel 19 gilt nur bei kleinen Anstellwinkeln, also im linearen Gebiet der Auftriebsgeraden.

Aufgabe 61: Gegeben ist ein Tragflügel, dessen Auftriebsneigung $\frac{d\,c_a}{d\,\alpha} = 4,5$ in Bogenmaß beträgt. Dieser Tragflügel wird durch eine Bö von unten getroffen, die zusammen mit der Flugbahnrichtung den Anstellwinkel um 5^0 vergrößert. Um welchen Betrag ändert sich dadurch der Auftriebsbeiwert am Tragflügel?

Lösung: Die Änderung des Auftriebsbeiwertes beträgt:

$$\Delta c_a = \frac{d\,c_a}{d\,\alpha} \cdot \Delta\overline{\alpha} = 4,5 \cdot \frac{5}{57,3} = \mathbf{0,393}$$

Aufgabe 62: Welche Stärke muß eine Abwärtsbö erreichen, um ein mit 45 km/h fliegendes Segelflugzeug so zu beeinflussen, daß der herrschende Auftriebsbeiwert $c_a = 0,6$ auf 0 verringert wird? Die Auftriebsneigung für den Tragflügel sei 5,2 in Bogenmaß.

$$\boxed{\alpha_{Tr} = \alpha_p + \alpha_i} \quad \text{(Winkelgrad)} \quad \ldots \ldots \ldots \ldots \quad (20)$$

α_{Tr} = Anstellwinkel des Tragflügels,
α_p = Anstellwinkel beim Seitenverhältnis $\lambda = 0$, d. h.
      Spannweite $b = \infty$, sog. ebenes Problem!
α_i = induzierter Anstellwinkel, der durch den Abwind
      der Randwirbel entsteht.

$$\boxed{\alpha_i = \frac{c_a}{\pi} \cdot 57{,}3 \cdot \lambda} \quad \ldots \ldots \ldots \ldots \ldots \ldots \quad (21)$$

Umrechnung von einem Seitenverhältnis λ_1 auf ein anderes λ_2:

$$\boxed{\alpha_{Tr_2} = \alpha_{Tr_1} - \Delta\alpha} \quad \ldots \ldots \ldots \ldots \ldots \ldots \quad (22)$$

$$\boxed{\Delta\alpha = \frac{c_a}{\pi}(\lambda_1 - \lambda_2) \cdot 57{,}3} \quad \ldots \ldots \ldots \ldots \quad (22\,a)$$

α_{Tr_1} = Anstellwinkel bei λ_1,
α_{Tr_2} = Anstellwinkel bei λ_2,
$\Delta\alpha$ = Anstellwinkeländerung unter Einfluß der Änderung des Seitenverhältnisses.

Aufgabe 63: Als Einstellwinkel (Winkel zwischen Profilsehne und Flugzeuglängsachse) wird gewöhnlich der Anstellwinkel gewählt, der zum Flugzustand mit der größten Waagerechtgeschwindigkeit gehört.

Wie müßte sich daher der Einstellwinkel für ein Flugzeug ändern, das bei 2100 kg Fluggewicht und 35 m² Tragfläche eine höchste Waagerechtgeschwindigkeit $v_h = 250$ km/h erreicht, wenn die ursprüngliche Spannweite $b_1 = 16$ m auf $b_2 = 12$ m bei gleichem Tragflächeninhalt verkürzt wird? Als Profil findet Gö 676 Verwendung (s. a. Jaeschke, Bd. I, S. 69).

Lösung: Da im Waagerechtflug der Auftrieb am Tragflügel gleich dem Fluggewicht sein muß, gilt

$$G = A = c_a \cdot q \cdot F_{Tr}.$$

Diese Gleichung dient zur Berechnung des Auftriebsbeiwertes im Waagerechtflug:

$$c_a = \frac{G}{q \cdot F_{Tr}} = \frac{2100}{301 \cdot 35} = 0{,}2.$$

Der Staudruck ergab sich aus

$$q = \frac{v^2}{16} = \frac{250^2}{16 \cdot 3{,}6^2} = 301 \text{ kg/m}^2.$$

Aus den Meßergebnissen, die für das Göttinger Profil 676 auf das Seitenverhältnis $\lambda = 0{,}2$ bezogen sind, ergibt sich, daß zu $c_a = 0{,}2$ ein Anstellwinkel $\alpha = 1{,}25^0$ gehört. Dieser

Winkel muß auf das Seitenverhältnis des Flugzeuges mit der ursprünglichen Spannweite umgerechnet werden, um den Einstellwinkel α_{E_1} zu erhalten.

$$\lambda_1 = \frac{F_{Tr}}{b_1{}^2} = \frac{35}{16^2} = 0,137.$$

$$\alpha_{E_1} = \alpha - \Delta \alpha$$

$$\Delta \alpha = \frac{c_a}{\pi} \cdot 57,3 \; (0,2 - \lambda_1)$$

$$\Delta \alpha = \frac{0,2}{\pi} \cdot 57,3 \; (0,2 - 0,137)$$

$$\Delta \alpha = \frac{0,2}{\pi} \cdot 57,3 \cdot 0,063 = \mathbf{0,23^0}$$

$$\alpha_{E_1} = 1,25 - 0,23 = \mathbf{1,02^0}.$$

Die Verkürzung der Spannweite auf $b_2 = 12$ m hat eine Änderung des Seitenverhältnisses zur Folge:

$$\lambda_2 = \frac{F_{Tr}}{b_2{}^2} = \frac{35}{12^2} = 0,243.$$

Damit ändert sich auch der zu dem Auftriebsbeiwert $c_a = 0,2$ gehörige Anstellwinkel, der als Einstellwinkel für das Flugzeug mit der verkürzten Spannweite ausgeführt werden müßte:

$$\alpha_{E_2} = \alpha_{E_1} - \Delta \alpha$$

$$\Delta \alpha = \frac{0,2}{\pi} \cdot 57,3 \; (0,137 - 0,243) = -\mathbf{0,384^0}$$

$$\alpha_{E_2} = 1,02 - (-0,38) = 1,02 + 0,38 = \mathbf{1,40^0}.$$

Aufgabe 64: Ein Flugzeug mit veränderlicher Tragfläche (Patent Schmeidler) kann die Fläche um 35% vergrößern. Um wieviel Grad ändert sich dadurch der Landeanstellwinkel, der zum Höchstauftriebsbeiwert $c_{a\,max}$ gehört? Als Profil wird Clark Y verwendet (s. Jaeschke Bd. I, S. 71). Das Fluggewicht beträgt 1200 kg. Die Flächenbelastung bei verkleinerter Fläche:

$$(G/F_{Tr})_{min} = 80 \text{ kg/m}^2.$$

Die Spannweite bleibt konstant und beträgt 14 m. Welcher Landeanstellwinkel ist der Fahrwerkskonstruktion zugrundezulegen?

Aufgabe 65: Ein Flugzeug von 20 t Fluggewicht und 35 m Spannweite habe eine Flächenbelastung $G/F_{Tr} = 105$ kg/m². Als Profil ist Gö 676 (s. Jaeschke, Bd. I, S. 69, oder Anhang, S. 158) verwendet.

Wie hoch muß die Rumpflängsachse über dem Fahrwerk vom Erdboden entfernt liegen, wenn die Rumpflänge von diesem Punkt aus bis zum Spornrad 20 m beträgt? Die Spornradhöhe werde vernachlässigt. Der Einstellwinkel (Winkel zwischen Profilsehne und Rumpflängsachse) beträgt 1,5° (Bild 14).

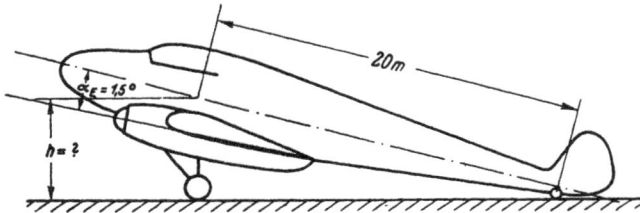

Bild 14.

$$\frac{d c_a}{d \alpha_{\text{eff}}} = \frac{\dfrac{d c_a}{d \alpha_\infty}}{1 + \dfrac{\lambda}{\pi} \cdot \dfrac{d c_a}{d \alpha_\infty}} \qquad \ldots \ldots \ldots \ldots \quad (23)$$

$$\frac{d c_a}{d \alpha_\infty} = \frac{\dfrac{d c_a}{d \alpha_{\text{eff}}}}{1 - \dfrac{\lambda}{\pi} \cdot \dfrac{d c_a}{d \alpha_{\text{eff}}}} \qquad \ldots \ldots \ldots \ldots \quad (23\,\text{a})$$

$\dfrac{d c_a}{d \alpha_{\text{eff}}} =$ wirksame (effektive) Auftriebsneigung beim Seitenverhältnis λ des Tragflügels,

$\dfrac{d c_a}{d \alpha_\infty} =$ Auftriebsneigung bei unendlicher Spannweite $(\lambda = 0)$.

$$\boxed{\frac{d c_a}{d \alpha_\infty} = 2 \cdot \pi \cdot \eta_p} \qquad \ldots \ldots \ldots \ldots \ldots \quad (24)$$

$2\pi =$ theoretische Auftriebsneigung eines unendlich dün-
nen Profiles,

η_p = Profilwirkungsgrad, der die Verminderung der Auftriebsneigung durch die endliche Dicke des Profiles
kennzeichnet. Die Kurve η_p als Funktion des
Dickenverhältnisses d/t zeigt Bild 42 (s. Anhang
S. 170).

Aufgabe 66: Gegeben sind die Meßergebnisse für das
amerikanische Profil NACA 6409.
Es wurden 12 verschiedene Anstellwinkel durchgemessen.
Die Widerstandsbeiwerte sind als reine Profilwiderstandsbeiwerte c_{wp} angegeben. Die Reynoldssche Zahl bei der Messung
betrug $R = 3{,}06 \cdot 10^6$. Die Modelltiefe war $t = 12{,}7$ cm. Die
Messungen fanden bei einer Windgeschwindigkeit $v = 24$ m/s
statt.

- 1. Für welches Seitenverhältnis gelten die Meßergebnisse
  unmittelbar, d. h. ohne Umrechnung?
- 2. Handelt es sich um eine Messung in einem Windkanal
  mit normalem Luftdruck oder Überdruck?
- 3. Wie groß ist der Nullanstellwinkel α_0?
- 4. Wie groß ist c_{a_0}?
- 5. Welche Auftriebsneigung zeigt das Profil beim Seitenverhältnis $\lambda = 0$? Wie groß ist also der Wirkungsgrad
  des Profiles η_p?
- 6. Wie groß ist c_{a_s} für das Seitenverhältnis 1 : 4?
- 7. Welchen Wert nimmt der zu c_{a_s} gehörige Widerstandsbeiwert $c_{w_{Tr}}$ beim Seitenverhältnis $\lambda = \dfrac{1}{4}$ an?

Meßergebnisse für das Profil NACA 6409.

α	c_a	c_{wp}
— 7,5	— 0,160	0,0130
— 4,5	+ 0,146	0,0106
— 3,0	0,299	0,0100
— 1,5	0,456	0,0095
+ 0,1	0,610	0,0094
1,6	0,764	0,0097
4,6	1,055	0,0121
7,8	1,334	0,0181
11,0	1,570	0,0286
14,7	1,675	0,0747
18,9	1,591	0,2175
26,2	1,189	0,4935

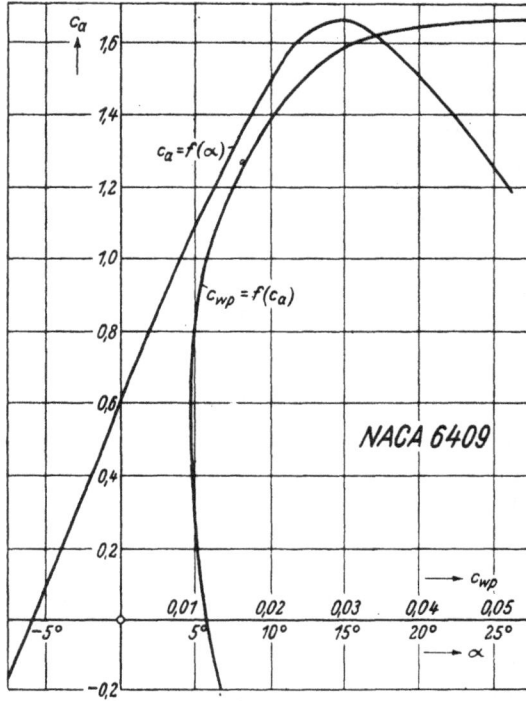

Bild 15.

Lösung: 1. Da der reine Profilwiderstand nur bei unendlicher Spannweite auftritt, gelten die Werte c_{wp} nur für das theoretische Seitenverhältnis $\lambda = 0$.

2. Die Berechnung der kinematischen Zähigkeit aus der angegebenen R-Zahl erbringt:

$$\nu = \frac{l \cdot v}{R} = \frac{12{,}7 \cdot 2400}{3{,}06 \cdot 10^6} = 0{,}01.$$

Dieser Wert ist bedeutend kleiner als der normale Zähigkeitswert für Luft. Da $\nu = \dfrac{\mu}{\varrho}$, also umgekehrt proportional der Dichte ist, liegt zweifellos eine Messung in Druckluft vor.

3. Um den Nullanstellwinkel zu finden, zeichnet man am einfachsten die Kurve $c_a = f(\alpha)$ auf. Bild 15 zeigt $\alpha_0 = -6^0$.

4. Der Wert c_{a_0} wird ebenfalls am einfachsten aus Bild 15 abgelesen. Er ergibt sich zu $c_{a_0} = \textbf{0,6}$.

5. Die Auftriebsneigung bei $\lambda = 0$ errechnet sich nach Formel 17a, S. 33:

$$\frac{d\,c_a}{d\,\alpha_\infty} = \frac{c_{a_0}}{\alpha_0} = \frac{0,6}{6} \cdot 57,3 = \textbf{5,73.}$$

Daraus erhält man nach Formel 24, S. 38, den Profilwirkungsgrad:

$$\eta_p = \frac{\dfrac{d\,c_a}{d\,\alpha_\infty}}{2 \cdot \pi} = \frac{5,73}{2 \cdot \pi} = \textbf{0,91.}$$

6. Um c_{a_0} bei einem anderen Seitenverhältnis zu .erhalten, könnte man so vorgehen, daß man die Anstellwinkel nach den Formeln 22 und 22a, S. 36 umrechnet, die Kurve $c_a = f(\alpha)$ für diese neuen Werte aufzeichnet und daraus c_{a_0} abliest. Einfacher ist es jedoch, die Auftriebsneigung für das neue Seitenverhältnis nach Formel 23, S. 39 zu berechnen, worauf man c_{a_0} nach Formel 19, S. 35 leicht erhält.

$$\frac{d\,c_a}{d\,\alpha_{\text{eff}}} = \frac{\dfrac{d\,c_a}{d\,\alpha_\infty}}{1 + \dfrac{\lambda}{\pi} \cdot \dfrac{d\,c_a}{d\,\alpha_\infty}} = \frac{5,73}{1 + \dfrac{0,25}{\pi} \cdot 5,73} = 3,94.$$

$$c_{a_0 \text{ für } \lambda=0,25} = \frac{d\,c_a}{d\,\alpha_{\text{eff}}} \cdot \frac{\alpha_0}{57,3} = 3,94 \cdot \frac{6}{57,3} = \textbf{0,41.}$$

7. Da die Profilwiderstandsbeiwerte c_{wp} gegeben sind, ist lediglich der hinzukommende Betrag c_{wi} des Randwiderstandes zu berechnen (Formel 13, S. 30):

$$c_{wi} = \frac{c_a{}^2}{\pi} \cdot \lambda = \frac{0,41^2}{\pi} \cdot 0,25 = 0,0134.$$

Zu dem Auftriebsbeiwert $c_{a_0} = 0,41$ gehört nach Zahlentafel:

$$c_{wp} = 0,0096.$$

Damit ergibt sich

$$c_{w_{Tr}} = c_{wp} + c_{wi} = 0,0096 + 0,0134 = \textbf{0,0230.}$$

Aufgabe 67: ·Gegeben sind die Meßergebnisse für 10 Anstellwinkel des Profiles NACA 2416 bezogen auf das Seitenverhältnis $\lambda = 1 : 4$. (Bild 16.)

a) Die Messung wurde in einem Normaldruck-Windkanal bei einer Windgeschwindigkeit $v = 30,4$ m/s und einer Reynoldsschen Zahl $R = 0,67 \cdot 10^6$ durchgeführt. Welche Abmaße hatte das rechteckige Tragflügelmodell?

b) Um wieviel ändert sich der Nullanstellwinkel, wenn man das Seitenverhältnis auf $\lambda = 1:8$ verkleinert?

c) Wie groß ergibt sich der Profilwirkungsgrad aus der Messung? Vergleich mit η_p aus dem Bild 42 für $d/t = 0,16$!

d) Wie groß wird der maximale Anstellwinkel α_{max} bei einem Seitenverhältnis $\lambda = 1:8$?

e) Wie groß ist c_{w_i} bei $c_{a\,max}$ ebenfalls bei $\lambda = 1:8$?

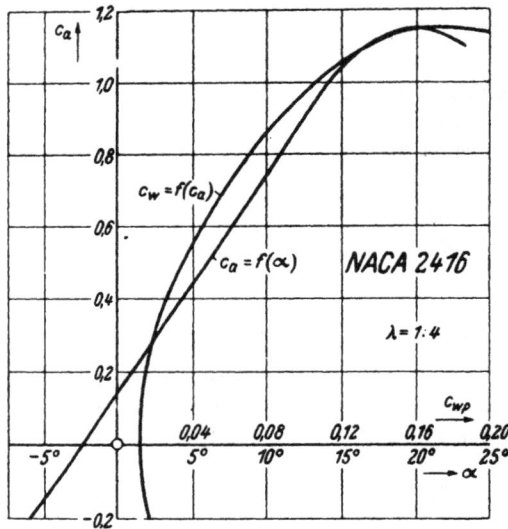

Bild 16.

Meßergebnisse für Profil NACA 2416 ($\lambda = 1:4$).

α	c_a	$c_{w\,Tr}$	α	c_a	$c_{w\,Tr}$
— 5,9	— 0,195	0,0168	8,6	0,663	0,0520
— 3,0	— 0,030	0,0113	11,4	0,846	0,0782
— 0,1	+ 0,144	0,0135	14,3	1,005	0,107
+ 2,8	0,318	0,0199	20,2	1,147	0,179
5,7	0,484	0,0337	23,3	1,097	0,238

Aufgabe 68: Für das Profil Gö 617 (s. Anhang S. 157) sollen folgende Untersuchungen durchgeführt werden:

a) Welcher Profilwirkungsgrad η_p ergibt sich aus der Göttinger Messung? Stimmt dieser Wert mit dem überein, den man aus Bild 42, S. 170, für das Dickenverhältnis $d/t = 14\%$ dieses Profils erhält?

b) Welche Auftriebsneigung $dc_a/d\alpha_{eff}$ würde sich für einen Flügel mit dem Seitenverhältnis $\lambda = 1 : 12$ ergeben?

c) Wie groß ist der Nullanstellwinkel für dieses Profil?

d) Welche Auftriebskraft würde ein Rechteckmodell von 2,5 m Spannweite und 0,3 m Flügeltiefe erhalten, wenn es in einem Windkanal bei einem Anstellwinkel $\alpha = 9^0$ von einem Luftstrom mit 48 m/s angeblasen würde?

e) Welche Widerstandskraft würde im Falle d) gleichzeitig wirken?

c) Die Luftkraftresultierende. Normal- und Tangentialkraft.

$$\boxed{R = c_g \cdot q \cdot F_{Tr}} \text{ (kg)} \quad \dots \dots \dots \dots \dots \quad (25)$$

$R = $ Luftkraftresultierende,

$c_g = $ dimensionsloser Beiwert der Luftkraftresultierenden.

$$\boxed{R = \sqrt{A^2 + W_{Tr}^2}} \text{ (kg)} \quad \dots \dots \dots \dots \quad (26)$$

$$\boxed{c_g = \sqrt{c_a^2 + c_{w\,Tr}^2}} \quad \dots \dots \dots \dots \dots \quad (26a)$$

$$\boxed{R = \sqrt{N^2 + T^2}} \text{ (kg)} \quad \dots \dots \dots \dots \quad (27)$$

$$\boxed{N = c_n \cdot q \cdot F_{Tr}} \text{ (kg)} \quad \dots \dots \dots \dots \quad (28)$$

$N = $ Komponente der Luftkraft R, normal (senkrecht) zur Sehne bzw. Tangente des Tragflügels,

$c_n = $ Normalkraftbeiwert.

$$\boxed{T = c_t \cdot q \cdot F_{Tr}} \text{ (kg)} \quad \dots \dots \dots \dots \quad (29)$$

$T = $ Komponente der Luftkraft R parallel zur Sehne bzw. Tangente des Tragflügels,

$c_t = $ Tangentialkraftbeiwert.

$$\boxed{N = A \cdot \cos \alpha + W \cdot \sin \alpha} \ (\text{kg}) \ \ldots \ldots \ \ldots \ldots \ (30)$$

$$\boxed{c_n = c_a \cdot \cos \alpha + c_w \cdot \sin \alpha} \ \ldots \ldots \ldots \ldots \ (30\,\text{a})$$

$$\boxed{T = - A \cdot \sin \alpha + W \cdot \cos \alpha} \ (\text{kg}) \ \ldots \ldots \ldots \ (31)$$

$$\boxed{c_t = - c_a \cdot \sin \alpha + c_w \cdot \cos \alpha} \ \ldots \ldots \ldots \ldots \ (31\,\text{a})$$

Aufgabe 69: An einem Tragflügel wirkt ein Auftrieb A = 1800 kg bei einem Anstellwinkel $\alpha = 17^0$. Gleichzeitig greift im Druckmittel eine Widerstandskraft $W_{Tr} = 200$ kg an.

Welche Luftkraftresultierende ist vorhanden? Wie groß sind ihre Komponenten Normal- und Tangentialkraft?

Lösung:

$$R = \sqrt{A^2 + W_{Tr}^2} = \sqrt{1800^2 + 200^2} = \sqrt{3\,280\,000} = \underline{\mathbf{1810\ kg}}$$

$\sin 17^0 = 0{,}2924$

$\cos 17^0 = 0{,}9563$

$N = A \cdot \cos \alpha + W_{Tr} \cdot \sin \alpha = 1800 \cdot 0{,}9563 + 200 \cdot 0{,}2924$

$N = 1721 + 58{,}5 = \underline{\mathbf{1779{,}5\ kg}}$

$T = - A \cdot \sin \alpha + W_{Tr} \cdot \cos \alpha = - 1800 \cdot 0{,}2924 + 200 \cdot 0{,}9563$

$T = - 527 + 191 = - \underline{\mathbf{336\ kg.}}$

Das negative Vorzeichen bedeutet, daß die Tangentialkraft nach vorn gerichtet ist.

Kontrolle: $R = \sqrt{N^2 + T^2}$

$$R = \sqrt{1779{,}5^2 + 336^2} = \underline{\mathbf{1810\ kg.}}$$

Aufgabe 70: Um wieviel unterscheidet sich die Normalkraft N von der Auftriebskraft A an einem Flugzeug, das mit 80 km/h landet. Der Höchstauftriebsbeiwert des Tragflügels beträgt $c_{a\,max} = 1{,}4$, wozu ein Widerstandsbeiwert $c_{w\,Tr.} = 0{,}23$ gehört bei einem Anstellwinkel $\alpha_{max} = 15^0$. Das Fluggewicht beträgt 1800 kg. Bei der Landung wird im Augenblick des Ausschwebens das Fluggewicht durch den Auftrieb aufgehoben.

Aufgabe 71: Gegeben: $A = 1700$ kg bei einem Anstellwinkel $\alpha = 18^0$. Zugehöriger Widerstand: $W_{Tr} = 120$ kg.

Gesucht: Normalkraft N und Tangentialkraft T in kg?

d) Das Flügelmoment.

$$\boxed{M_{Tr} = c_m \cdot q \cdot F_{Tr} \cdot t_m} \ (\text{mkg}) \ \ldots \ldots \ldots \ldots \ldots (32)$$

M_{Tr} = Moment der Luftkräfte in bezug auf die Tragflügel-
    vorderkante,

c_m = dimensionsloser Momentenbeiwert, der versuchs-
    mäßig gewonnen wird ($c_m \sim c_{m_0} + 0{,}25\,c_a$).

t_m = mittlere Flügeltiefe, sog. maßgebender Flügelschnitt,
    in der Entfernung $\dfrac{2\,b}{3\,\pi}$ von Flugzeuglängsachse ent-
    fernt liegend,

b = Spannweite des Tragflügels,

c_{m_0} = Momentenbeiwert bei $c_a = 0$.

Aufgabe 72: Wie groß ist das im senkrechten Sturzflug
mit Nullauftrieb als Tragflügelverdrehmoment auftretende
Luftkraftmoment M_{Tr} bei einem Flugzeug mit 18 m² Tragfläche und einer maßgebenden Flügeltiefe $t_m = 1{,}8$ m, wenn
die Sturzfluggeschwindigkeit $v_{st} = 620$ km/h beträgt? Als
Profil ist Gö 676 verwendet (s. Jaeschke, Bd. I, S. 69 oder
Anhang, S. 158).

Lösung: Der Sturzflugstaudruck in Bodennähe ist:

$$q_{st} = \frac{v_{st}^2}{16} = \frac{172^2}{16} = 1850 \ \text{kg/m}^2.$$

Aus der Zahlentafel der Meßergebnisse für Profil Gö 676
liest man bei $c_a = 0$ als Momentenbeiwert ab: $c_{m_0} = 0{,}025$.
Mit diesen Werten errechnet sich das Tragflügelverdrehmoment zu:

$$M_{Tr} = c_{m_0} \cdot q_{st} \cdot F_{Tr} \cdot t_m = 0{,}025 \cdot 1850 \cdot 18 \cdot 1{,}8 = \underline{\underline{1500 \ \text{mkg}}}.$$

Aufgabe 73: Um wieviel Prozent ändert sich das Verdrehmoment eines Tragflügels im Sturzflug, wenn anstatt des Profiles Gö 676 das Profil Gö 532 verwendet würde? (Gö 532
hat bei $c_a = 0$ ein $c_{m_0} = 0{,}08$.)

Aufgabe 74: Ein Sturzkampfflugzeug von 1600 kg Fluggewicht und 100 kg/m² Flächenbelastung ist mit Profil NACA
23012 versehen (s. Anhang S. 151). Sein Tragflügel ist im-
stande, ein Verdrehmoment von 2000 mkg aufzunehmen.

Welche Sturzfluggeschwindigkeit dürfte dieses Flugzeug erreichen, bevor ein Bruch des Tragwerks durch Torsion zu erwarten ist? Von Schwingungen soll abgesehen werden. Der Grundriß des Tragwerkes ist trapezförmig mit einer Zuspitzung $t_a/t_i = 0{,}5$. Die Spannweite beträgt 9 m (s. Bild 17).

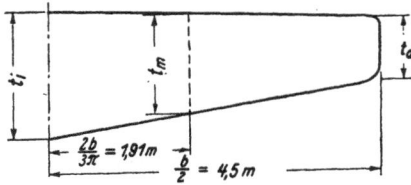

Bild 17.

Aufgabe 75: Das vollkunstflugtaugliche Segelflugzeug »Habicht« erhält im senkrechten Sturzflug ein Verdrehmoment des Tragwerks von 1400 mkg bei einer Sturzflugendgeschwindigkeit $v_{end} = 420$ km/h in Bodennähe.

Die mittlere Flügeltiefe beträgt 1,25 m und die Tragfläche $F_{Tr} = 15{,}82$ m².

a) Welches c_{m_0} besitzt das Tragflügelprofil?

b) Der Rumpf hat an der Stelle seines größten Spantquerschnittes annähernd die Form einer Ellipse von 530 mm Breite und 650 mm Höhe.

Welche Widerstandskraft wirkt im senkrechten Sturzflug mit Endgeschwindigkeit auf den Rumpf? ($c_w = 0{,}07$.)

c) Wie groß ist die R-Zahl des Tragflügels im Sturzflug mit Endgeschwindigkeit, wenn die mittlere Flügeltiefe als Bezugsgröße gewählt wird?

e) Die Lage des Druckmittels.

$$\boxed{e = \frac{M}{N} = \frac{c_m \cdot q \cdot F_{Tr} \cdot t_m}{c_n \cdot q \cdot F_{Tr}}}\quad \text{(m)} \quad \ldots \ldots \ldots \ldots \ldots \text{(33)}$$

$$\boxed{e = \frac{c_m \cdot t_m}{c_n}}\quad \text{(m)} \quad \ldots \ldots \ldots \ldots \ldots \ldots \text{(33a)}$$

$$\boxed{e = \frac{c_m}{c_n} \cdot 100} \; (^0/_0) \; \ldots \ldots \ldots \ldots \ldots \quad (33\,\text{b})$$

e = Abstand der Luftkraftresultierenden R bzw. der Normalkraft N von Flügelvorderkante.

$$\boxed{M = N \cdot e} \; (\text{mkg}) \; \ldots \ldots \ldots \ldots \ldots \ldots \quad (33\,\text{c})$$

Aufgabe 76: In welcher Entfernung von Flügelvorderkante greift die Resultierende aller Auftriebskräfte bei einem Flugzeug von 22 m² Tragfläche und rechteckigem Flügelgrundriß an, das sich bei der Landung befindet (Auftrieb = Gewicht). Das Seitenverhältnis ist $\lambda = 1 : 7$, Profil Gö 676 (Jaeschke, Bd. I, S. 69, oder Anhang, S. 154). Als Auftriebsbeiwert wirkt $0,9\, c_{a\,\text{max}}$.

Lösung: Die Resultierende aller Auftriebskräfte kann man sich im maßgebenden Flügelschnitt t_m angreifend vorstellen. Um t_m zu berechnen, muß zunächst die Spannweite aus Tragfläche und Seitenverhältnis ermittelt werden:

$$\frac{F_{Tr}}{b^2} = \frac{1}{7}; \text{ also } b = \sqrt{7 \cdot F_{Tr}} = \sqrt{7 \cdot 22} = 12,4 \text{ m}.$$

$$t_m = \frac{F_{Tr}}{b} = \frac{22}{12,4} = 1,78 \text{ m}.$$

Der Höchstauftriebsbeiwert für Profil Gö 676 ist
$c_{a\,\text{max}} = 1,05$, also $0,9\, c_{a\,\text{max}} = 0,9 \cdot 1,05 = 0,945$.

Dazu gehört nach Profilzahlentafel ein $c_m = 0,24$.

Nunmehr kann der Abstand e berechnet werden ($c_n \sim c_a$ gesetzt):

$$e = \frac{c_m}{c_n} t_m = \frac{0,24}{0,945} \cdot 1,78 = \mathbf{0,455} \text{ m}.$$

Aufgabe 77: Der Tragflügel eines Flugzeuges hat als Profil Gö 535 (s. Anhang, S. 164) bei einem Seitenverhältnis 1 : 5. Die Größe der Tragfläche beträgt 18 m² bei einer mittleren Flügeltiefe $t_m = 2$ m.

1. Wie groß wird Normalkraft und Tangentialkraft in folgenden beiden Flugzuständen:

a) bei $\alpha = 17,4^0$ und einem Staudruck $q = 60$ kg/m²,

b) bei $\alpha = -6,1^0$ und einer Geschwindigkeit $v = 330$ km/h in 2000 m Höhe.

2. Wo liegt das Druckmittel in den beiden beschriebenen Flugfällen, ausgedrückt in Prozenten der mittleren Flügeltiefe? Wie groß wären die entsprechenden Werte, wenn das Profil annähernd druckpunktfest gemacht werden könnte? ($c_m =$ 0,01.) Dabei soll der Momentenbeiwert nach der Näherungsformel

$$c_m = c_{m_0} + 0,25\, c_n$$

berechnet werden.

3. Welche Größe nimmt in den gleichen Flugfällen die Luftkraftresultierende R am Tragwerk an?

4. Wie groß wird das Tragflügelmoment M_{r_v} in den beiden Flugzuständen?

Aufgabe 78: Die beiden Profile B 106 R und B 106 (s. Anhang, S. 155 u. 156) sollen in bezug auf ihre Druckpunktfestigkeit miteinander verglichen werden.

a) Wie groß in Prozenten der Flügeltiefe ist die Druckpunktwanderung bei dem Profil B 106 R, wenn sich $c_a = 0,2$ bis auf $c_{a\,max}$ ändert?

b) Welche Druckpunktwanderung liegt im gleichen Falle für das Profil B 106 vor?

c) Welches der beiden Profile ist also das druckpunktfestere?

f) Einfluß von Turbulenz und R-Zahl auf die Luftkraftbeiwerte.

$$\boxed{R_{\text{eff}} = R_{\text{Messung}} \cdot T.F.} \quad \ldots \ldots \ldots \ldots \ldots (34)$$

R_{eff} = wirksame (effektive) Reynoldssche Zahl, die den wirklichen Strömungszustand kennzeichnet, für den $c_{a\,max}$ unmittelbar gilt,

R_{Messung} = Reynoldssche Zahl der Messung im Kanal, bei der die $c_{a\,max}$-Werte gewonnen werden,

$T.F.$ = Turbulenzfaktor des Windkanals, in dem die $c_{a\,max}$-Messungen ausgeführt werden (s. Abschnitt 5, Formel 9, S. 26).

Aufgabe 79: Welche Turbulenz muß ein Windkanal von 4 m Strahldurchmesser und 1500 PS Antriebsleistung bei einer

Leistungsbedarfszahl $\ddot{a} = 0.8$ aufweisen, um $c_{a\,max}$-Messungen an einem Modellflügel von 3 m Spannweite und 0,5 m Flügeltiefe auf ein Flugzeug von fünffacher Größe unmittelbar übertragen zu können, wenn das Flugzeug voraussichtlich eine Landegeschwindigkeit von 100 km/h aufweisen wird?

Lösung: Die Abmessungen des Flugzeuges sind: Spannweite $b = 15$ m und mittlere Flügeltiefe $t_m = 2,5$ m. Für die Landegeschwindigkeit $v_L = 100$ km/h $= 2780$ cm/s ergibt sich somit eine R-Zahl:

$$R_{eff} = \frac{l \cdot v}{\nu} = \frac{250 \cdot 2780}{0,139} = 5 \cdot 10^6.$$

Aus Leistungsbedarfszahl, Größe des Kanals und Gebläseleistung läßt sich nach Formel 10, Abschnitt 6, S. 28 die Windgeschwindigkeit des Kanals berechnen:

$$v = \sqrt[3]{\frac{N \cdot 75}{\frac{\varrho}{2} \cdot F \cdot \ddot{a}}} = \sqrt[3]{\frac{1500 \cdot 75 \cdot 16}{12,6 \cdot 0,8}} = \sqrt[3]{179000} = 56,3 \text{ m/s.}$$

Somit herrscht bei der Modellmessung im Kanal als R-Zahl:

$$R_{\text{Messung}} = \frac{l \cdot v}{\nu} = \frac{50 \cdot 5630}{0,139} = 2,025 \cdot 10^6$$

$$T. F. = \frac{R_{eff}}{R_{\text{Messung}}} = \frac{5 \cdot 10^6}{2,025 \cdot 10^6} = \underline{2,47.}$$

Aufgabe 80: In einem Windkanal wird bei verschiedenen Windgeschwindigkeiten v der Widerstand einer Kugel von 15 cm Durchmesser bestimmt. Es ergeben sich folgende Werte:

$v^{m/s}$	W^{kg}
8,35	0,033
13,4	0,070
14,8	0,051
25	0,131
32,4	0,233

a) Wie groß ist der Turbulenzfaktor des Windkanals?

b) Welche maximale effektive R-Zahl kann demnach für $c_{a\,max}$-Messungen an Tragflügelmodellen mit 20 cm Flügeltiefe erreicht werden?

Siegel, Aufgaben.   4

Aufgabe 81: In einem Windkanal mit Rückführung der Luft und offener Meßstrecke herrscht bei Höchstleistung des Gebläses in der Gleichrichterebene eine Windgeschwindigkeit $v_1 = 40$ m/s. Der Durchmesser des Gleichrichters beträgt 2,2 m. Der Turbulenzfaktor $T.F. = 1,8$.

Vor der Düse des Kanals soll ein Tragflügelmodell durchgemessen werden, das eine Verkleinerung im Maßstab 1 : 10 der Großausführung eines Flugzeuges darstellt. - Der Flügelgrundriß ist elliptisch und weist ein Seitenverhältnis $\lambda = 1 : 6$ auf. Das Flugzeug in Großausführung soll 2,6 m mittlere Flügeltiefe erhalten.

Die Messungen sollen vor allem der Nachprüfung der zu erwartenden Höchstauftriebsbeiwerte c_{amax} dienen. Als Landegeschwindigkeit für das Flugzeug wird $v_L = 110$ km/h erwartet.

a) Welchen Düsendurchmesser muß der Windkanal erhalten?

b) Kann der Modellflügel vor der ermittelten Düse in dem gegebenen Seitenverhältnis beibehalten werden oder kann nur in bezug auf Flügeltiefe das Maßstabverhältnis 1 : 10 erfüllt werden?

c) Welche Staudruckdifferenz herrscht zwischen der Gleichrichterebene und einem Punkt im Düsenquerschnitt?

8. Das ganze Flugzeug.

a) Der schädliche Widerstand.

$$\boxed{W_s = c_{ws} \cdot q \cdot F_{Tr}} \text{ (kg)} \quad \ldots \ldots \ldots \ldots \quad (35)$$

W_s = schädlicher Widerstand der nicht tragenden Teile eines Flugzeuges, bezogen auf die Tragfläche F_{Tr},

c_{ws} = Beiwert des schädlichen Widerstandes.

$$\boxed{c_{ws} = \frac{\Sigma f_{ws}}{F_{Tr}}} \quad \ldots \ldots \ldots \ldots \ldots \quad (36)$$

f_{ws} = Ersatzfläche, sog. Restwiderstandsfläche eines nicht tragenden Flugzeugteiles.

$$\boxed{f_{ws} = c_w \cdot F} \; (\mathrm{m}^2) \; \ldots \ldots \ldots \ldots \ldots \ldots \ldots \quad (37)$$

$F =$ Bezugsfläche (s. Abschnitt 2, S. 16),

$c_w =$ Beiwert des Form- und Oberflächenwiderstandes unter Berücksichtigung der R-Zahl.

Aufgabe 82: Ein kleines einsitziges Sportflugzeug mit 8 m² Tragfläche ist als freitragender Tiefdecker mit festem Fahrwerk (verkleidete Federbeine) ausgeführt. Der Rumpf hat elliptischen Querschnitt mit den größten Durchmessern: $a =$ 0,85 m und $b = 0,6$ m. Das Fahrwerk zeigt als Stirnfläche senkrecht zur Anblasrichtung $F = 0,2$ m².

Das Höhenleitwerk ist 1,1 m² groß und weist ebenso wie das Seitenleitwerk von 0,7 m² Fläche das Profil NACA 0010 auf. Die gegenseitige Beeinflussung von Rumpf, Tragwerk, Leitwerk und Fahrwerk (sog. Interferenz) soll durch einen Zuschlag von 12% zum schädlichen Widerstand berücksichtigt werden. Wie groß wird der Beiwert des schädlichen Widerstandes c_{ws} für das ganze Flugzeug?

Lösung: In einer Zahlentafel werden die einzelnen Restwiderstandsflächen berechnet und addiert. Die Beiwerte c_w müssen dazu geschätzt oder durch Einzelmessungen bestimmt werden.

Bauteil	F m²	c_w	Anzahl n	$f_{ws} = n \cdot c_w \cdot F$
Rumpf mit Motor . .	0,4	0,12	1	0,048
Fahrwerk	0,2	0,14	1	0,028
Höhenleitwerk	1,1	0,009	1	0,0099
Seitenleitwerk	0,7	0,009	1	0,0063
			$\Sigma f_{ws} =$	**0,0922**

Die Stirnfläche des Rumpfes ergab sich als Ellipsenfläche:

$$F_R = \frac{a \cdot b}{4} \cdot \pi = \frac{0,85 \cdot 0,6 \cdot \pi}{4} = 0,4 \; \mathrm{m}^2.$$

Der Widerstandsbeiwert für den Rumpf ist durch Vergleiche geschätzt.

Der Widerstandsbeiwert für das Fahrwerk ist durch Vergleiche mit Messungen an ähnlichen Fahrwerken geschätzt (s. Luftwissen 1936, Nr. 7, S. 192).

4*

Die Widerstandsbeiwerte der Leitwerksprofile sind geschätzt, indem zum geringsten Profilwiderstand ein Zuschlag für Randwiderstand und Ruderspalt gemacht wurde.

Zur Summe des Restwiderstandes wird nunmehr ein Zuschlag von 12% für Interferenz gerechnet:

$$\Sigma f_{ws} = 1,12 \cdot 0,0922 = 0,1035.$$

Nunmehr erhält man den Beiwert des schädlichen Widerstandes:

$$c_{ws} = \frac{\Sigma f_{ws}}{F_{Tr}} = \frac{0,1035}{8} = \mathbf{0,013.}$$

Aufgabe 83: Im Flugzustand der höchsten Waagerechtgeschwindigkeit beträgt bei einem modernen Schnellflugzeug mit $F_{Tr} = 28$ m² der Anteil des schädlichen Widerstandes am Gesamtwiderstand 50%. Wie groß ist der Beiwert des schädlichen Widerstandes c_{ws}, wenn die höchste Waagerechtgeschwindigkeit 450 km/h ist und dazu die Luftschraube einen Schub $S = 600$ kg aufbringen muß?

b) Der Gesamtwiderstand.

$$\boxed{W_g = c_{wg} \cdot q \cdot F_{Tr}} \quad \text{(kg)} \quad \ldots \ldots \ldots \ldots \ldots \text{(38)}$$

W_g = Gesamtwiderstand eines Flugzeuges,
c_{wg} = Beiwert des Gesamtwiderstandes.

$$\boxed{c_{wg} = c_{wTr} + c_{ws} + c_{wL}} \quad \ldots \ldots \ldots \ldots \ldots \text{(39)}$$

c_{wL} = Beiwert des Luftschraubenwiderstandes, der bei Leerlauf oder Stillstand der Luftschraube hinzutritt (s. Siegel, Angewandte Lastannahmen, S. 26 ff.).

Aufgabe 84: Welchen Gesamtwiderstand besitzt ein zweimotoriges Flugzeug, das zur Landung mit einer Geschwindigkeit $v_L = 110$ km/h ansetzt bei einem Auftriebsbeiwert $c_a = 0,9 \, c_{a\,max}$?

Die Tragfläche beträgt $F_{Tr} = 18,75$ m², Seitenverhältnis $\lambda = 0,155$, $c_{ws} = 0,019$.

Die beiden Luftschrauben stehen still. Luftschraubendurchmesser $D = 2,3$ m bei einem Steigungsverhältnis $H/D = 1,2$.

Als Profil ist NACA 23012 verwendet, dessen Meßwerte im Anhang S. 151 für das Seitenverhältnis $\lambda = 0$ gegeben sind.

Lösung: Der Beiwert des Gesamtwiderstandes setzt sich zusammen aus:

$$c_{wg} = c_{w_{Tr}} + c_{ws} + 2\,c_{wL} \quad \text{(Zwei Luftschrauben!)}.$$

Aus der Profilmessung ergibt sich der Höchstauftriebsbeiwert

$$c_{a\,max} = 1{,}47.$$

Also ist $c_a = 0{,}9 \cdot 1{,}47 = 1{,}32$. Dazu gehört ein Randwiderstand, der zum Profilwiderstand hinzukommt:

$$c_{w_{Tr}} = c_{wp} + c_{wi} = c_{wp} + \frac{c_a^2}{\pi} \cdot \lambda = 0{,}016 + \frac{1{,}32^2}{\pi} \cdot 0{,}155$$

$$c_{m_{Tr}} = 0{,}016 + 0{,}086 = 0{,}102.$$

Zum schädlichen Widerstand wird ein Zuschlag von 30% gerechnet, um die Erhöhung durch das ausgefahrene Fahrwerk zu berücksichtigen.

$$c_{ws} = 1{,}3 \cdot 0{,}019 = 0{,}0247.$$

Der Widerstandsbeiwert für die Luftschraube kann aus einer Kurve nach Douglas in Abhängigkeit vom Steigungsverhältnis gewonnen werden (s. Siegel G., Angewandte Lastannahmen, Verlag Volckmann Nachf. Wette, Berlin, S. 28). Danach erhält man

$$c_{wL} = 0{,}0124.$$

Nunmehr kann der Gesamtwiderstandsbeiwert berechnet werden:

$$c_{wg} = 0{,}1020 + 0{,}0247 + 0{,}0248 = 0{,}1515.$$

Der Landestaudruck beträgt

$$q_L = \frac{v_L^2}{16} = \frac{30{,}6^2}{16} = 58{,}5 \text{ kg/m}^2.$$

Mit diesen Werten errechnet sich der Gesamtwiderstand des landenden Flugzeuges zu:

$$W_g = c_{wg} \cdot q_L \cdot F_{Tr} = 0{,}1515 \cdot 58{,}5 \cdot 18{,}75 = \underline{\mathbf{166}} \text{ kg}.$$

Aufgabe 85: Welchen Gesamtwiderstand hat ein Schleppzug: Motorflugzeug-Segelflugzeug im Waagerechtflug mit 90 km/h Geschwindigkeit?

Folgende Angaben über die Flugzeuge sind bekannt:

a) **Motorflugzeug:** $F_{Tr} = 24\ m^2$, Profil Gö 676 (s. Anhang S. 158), Seitenverhältnis $\lambda = 1:9$, $c_{ws} = 0,018$, $c_a = 1,03$.

b) **Segelflugzeug:** $F_{Tr} = 17\ m^2$, Profil Gö 535 (s. Anhang S. 164), Seitenverhältnis $\lambda = 1:20$, $c_{ws} = 0,007$, $c_a = 0,388$.

c) **Schleppseil:** Seildurchmesser: $d = 3,5$ mm, Seillänge $l = 150$ m, $c_w = 1,1$. Durch Seilneigung und Verkleinerung der Stirnfläche wird der Seilwiderstand auf 20% verringert.

Aufgabe 86: Um den Gesamtwiderstand eines Flugzeuges im Fluge zu messen, bedient man sich einer sog. Schubmeßnabe, die die Größe des Luftschraubenschubes anzeigt oder aufzeichnet. Da nun im unbeschleunigten Fluge der Luftschraubenschub gleich dem Gesamtwiderstand sein muß, erhält man letzteren unmittelbar.

Jedoch lassen sich auch Teilwiderstände auf diese Art bestimmen. Als Beispiel diene folgendes: Ein Flugzeug mit 45 m² Tragfläche erreicht im Waagerechtflug bei eingezogenem Fahrwerk eine Geschwindigkeit von 340 km/h, wobei die Schubmeßnabe einen erforderlichen Schub von 450 kg zeigt. Das gleiche Flugzeug benötigt bei ausgefahrenem Fahrwerk bei $v = 250$ km/h einen Schub von 312 kg.

Welchen Anteil in Prozenten am c_{wg} hat das Fahrwerk bei $v = 250$ km/h?

c) Das Längsgleichgewicht.

$$M_{Tr_{Ry}} = q \cdot F_{Tr} \cdot t_m \left(c_m - c_n \cdot \frac{r}{t_m} - c_t \cdot \frac{h}{t_m} \right) \quad (\text{kg}) \ \ldots \ (40)$$

$M_{Tr_{Ry}}$ = resultierendes Moment der Luftkräfte am Tragflügel bezogen auf die Y-Achse (Querachse) durch den Flugzeugschwerpunkt,

r = Schwerpunktrücklage = Abstand des Schwerpunktes von der Flügelvorderkante im maßgebenden Flügelschnitt t_m (s. Abschnitt 7d, S. 45) (m).

h = Hoch- oder Tieflage des Schwerpunktes = Abstand des Schwerpunktes von der Profilsehne des maßgebenden Flügelschnittes t_m (m).

$$\boxed{M_{Tr_{Ry}} = -P_H \cdot l_H}\ \text{(mkg)} \ldots \ldots \ldots \ldots \ldots \ (41)$$

$P_H =$ Luftkraft am Höhenleitwerk (kg),

$l_H =$ wirksamer Höhenleitwerkshebelarm $=$ Abstand
vom Flugzeugschwerpunkt bis zum Druckmittel
des Höhenleitwerkes.

$$\boxed{P_H = c_{nH} \cdot q_H \cdot F_H}\ \text{(kg)} \ldots \ldots \ldots \ldots \ldots \ (42)$$

$c_{nH} =$ Normalkraftbeiwert am Höhenleitwerk,

$q_H =$ wirksamer Staudruck am Höhenleitwerk (kg/m²)
(unter Berücksichtigung der Staudruckerhöhung
durch den Luftschraubenstrahl),

$F_H =$ Höhenleitwerksfläche (m²).

Aufgabe 87: Ein Flugzeug mit 35 m² Tragfläche fliegt mit der geringsten Waagerechtgeschwindigkeit $v_{min} = 70$ km/h. Welche Kraft P_H am Höhenleitwerk ist erforderlich, um Längsgleichgewicht herzustellen?

Profil Gö 676 (s. Jaeschke, Flugzeugberechnung, Bd. I. S. 69).

Seitenverhältnis $\lambda = 0,137$.

Der Auftriebsbeiwert am Tragflügel ist $c_{a max} = 1,05$.

Der Höhenleitwerkshebelarm ist $l_H = 5,2$ m.

Mittlere Flügeltiefe $t_m = 2,2$ m.

Der Schwerpunkt des Flugzeuges liegt in 18% der mittleren Flügeltiefe t_m und im Abstand $h = 0,15$ m unter der Profilsehne des maßgebenden Flügelschnittes t_m.

Lösung: Um die Höhenleitwerkskraft P_H zu berechnen, muß zunächst das Tragwerkmoment $M_{Tr_{Ry}}$ für den Flugzustand mit v_{min} berechnet werden:

$$M_{Tr_{Ry}} = q \cdot F_{Tr} \cdot t_m \left(c_m^{\;\bullet} - c_n \cdot \frac{r}{t_m} - c_{t'} \cdot \frac{h}{t_m} \right).$$

Der Staudruck ergibt sich aus $v_{min} = 70$ km/h $= 19,45$ m/s zu:

$$q = \frac{v_{min}^2}{16} = \frac{19,45^2}{16} = 23,6 \ \text{kg/m}^2.$$

Der Momentenbeiwert wird aus einer Zahlentafel der Meßergebnisse für das Profil Gö 676 bei $c_{a max} = 1,05$ abgelesen und beträgt:

$$c_m = 0,296.$$

Die Schwerpunktsrücklage beträgt $r = 0{,}18 \cdot t_m' = 0.18 \cdot 2.2$ $= 0{,}396$ m, also

$$\frac{r}{t_m} = 0{,}18.$$

Entsprechend ergibt sich

$$\frac{h}{t_m} = \frac{0{,}15}{2{,}2} = 0{,}068.$$

Nunmehr müssen die Normal- und Tangentialkraftbeiwerte unter Berücksichtigung der Änderung des Anstellwinkels und des Widerstandsbeiwertes durch die Umrechnung auf ein anderes Seitenverhältnis ermittelt werden:

$c_n = c_a \cdot \cos \alpha + c_w \cdot \sin \alpha$ (Siehe Abschnitt 7 c, Formel 30 a, S. 44)

$\alpha = \alpha_{max} = 18{,}6 - \varDelta \alpha$ (Siehe Abschnitt 7 b, Formel 22 u. 22 a, S. 36)

$$\varDelta \alpha = \frac{c_a}{\pi} (\lambda_1 - \lambda_2) \cdot 57{,}3$$

$$\varDelta \alpha = \frac{1{,}05}{\pi} (0{,}2 - 0{,}137) \cdot 57{,}3 = \mathbf{1{,}21^0}$$

$$\alpha = 18{,}6 - 1{,}21 = \mathbf{17{,}39^0}.$$

$\sin 17{,}39^0 = 0{,}299$

$\cos 17{,}39^0 = 0{,}958$

$c_w = 0{,}159 - \varDelta c_w$ (Siehe Abschnitt 7 a, Formel 15 15 a, S. 31)

$$\varDelta c_w = \frac{c_a^2}{\pi} (\lambda_1 - \lambda_2) = \frac{1{,}05^2}{\pi} (0{,}2 - 0{,}137) = \mathbf{0{,}0221}$$

$$c_w = 0{,}159 - 0{,}0221 = \mathbf{0{,}1369}$$

Mit diesen Werten erhält man den Normalkraftbeiwert

$$c_n = 1{,}05 \cdot 0{,}958 + 0{,}1369 \cdot 0{,}299 = \mathbf{1{,}049}.$$

Der Tangentialkraftbeiwert kann ebenfalls sofort berechnet werden:

$c_t = -c_a \cdot \sin \alpha + c_w \cdot \cos \alpha$ (s. Abschnitt 7 c, Formel 31 a, S. 44).

$$c_t = -1{,}05 \cdot 0{,}299 + 0{,}1369 \cdot 0{,}958 = -0{,}314 + 0{,}131$$
$$= \mathbf{-0{,}183}.$$

Der Beiwert des Tragwerkmomentes $M_{Tr_{Ry}}$, der oft auch mit c_{ms} bezeichnet wird, kann jetzt berechnet werden:

$$c_{ms} = \left(c_m - c_n \cdot \frac{r}{t_m} - c_t \cdot \frac{h}{t_m}\right) = 0{,}296 - 1{,}05 \cdot 0{,}18 + 0{,}183 \cdot 0{,}068$$
$$c_{ms} = 0{,}296 - 0{,}189 + 0{,}012 = \mathbf{0{,}119}.$$

Also wird

$$M_{Tr_{Ry}} = 23{,}6 \cdot 35 \cdot 2{,}2 \cdot 0{,}118 = + \mathbf{215\ mkg}.$$

Das positive Vorzeichen bedeutet Kopflastigkeit. Schließlich ergibt sich die erforderliche Kraft am Höhenleitwerk:

$$P_H = -\frac{M_{Tr_{Ry}}}{l_H} = -\frac{215}{5{,}2} = -\mathbf{41{,}3\ kg}.$$

Diese Kraft ist nach abwärts gerichtet, müßte daher durch einen nach oben gerichteten Ruderausschlag erzeugt werden.

Aufgabe 88: Im Waagerechtflug (Reiseflug) wird gewöhnlich die für das Längsgleichgewicht erforderliche Kraft am Höhenleitwerk nicht durch Ruderausschlag, sondern zur Entlastung des Piloten durch Trimmung der Höhenflosse aufgebracht. Zwischen welchen Grenzwerten muß eine Trimmung möglich sein, d. h. welche größten positiven bzw. negativen Kräfte P_H müssen erzeugt werden können, um bei einem Großflugzeug mit 240 m² Tragfläche, Profil NACA 23012, $\lambda = 1 : 7$ bei vorderster Schwerpunktslage von 14% der mittleren Flügeltiefe t_m und zugehöriger Hochlage $\frac{h}{t_m} = 0{,}05$ und hinterster S-Lage: $\frac{r}{t_m} = 0{,}28$ und $\frac{h}{t_m} = -0{,}03$ im Reiseflug mit $v_R = 320$ km/h Längsgleichgewicht zu erzielen? Es herrscht der Auftriebsbeiwert $c_a = 0{,}2$ an der Tragfläche. Der Leitwerkshebelarm beträgt 16 m.

II. Flugmechanik.

9. Gleitflug.

a) Gleitwinkel und Gleitgeschwindigkeit.

$$\text{tg}\,\gamma = \frac{W_g}{A} = \frac{c_{wg}}{c_a} \quad \ldots \ldots \ldots \ldots \ldots \quad (43)$$

$\gamma = $ Gleitwinkel in Winkelgrad (Winkel zwischen Flugbahn und Horizontale),

$W_g = $ Gesamtwiderstand (kg) (s. Abschnitt 8b, Formel 38, S. 52),

$c_{wg} = $ Gesamtwiderstandsbeiwert (s. Abschnitt 8b, Formel 39, S. 52),

$A = $ Auftrieb (kg),

$c_a = $ Auftriebsbeiwert.

$$E = \frac{A}{W_g} = \frac{c_a}{c_{wg}} \quad \ldots \ldots \ldots \ldots \ldots \quad (43\,\text{a})$$

$E = $ Gleitzahl.

$$v_g = \sqrt{\frac{2 \cdot G}{\varrho \cdot F_{Tr} \cdot c_g}} \;\; (\text{m/s}) \quad \ldots \ldots \ldots \ldots \quad (44)$$

$v_g = $ Gleitgeschwindigkeit (Bahngeschwindigkeit),

$G = $ Fluggewicht (kg),

$\varrho = $ Luftdichte (kg·s^2/m^4),

$F_{Tr} = $ Tragfläche (m^2),

$c_g = $ Beiwert der Gesamtluftkraft (s. Abschnitt 7c, Formel 26a, S. 43).

In Bodennähe mit $\varrho_0 = \frac{1}{8}$ und für kleine Anstellwinkel α, bei denen angenähert $c_g = c_a$ wird, kann gesetzt werden:

$$v_g \sim 4\,\sqrt{\frac{G}{c_a : F_{Tr}}} \;\; (\text{m/s}) \quad \ldots \ldots \quad (44\,\text{a})$$

Für die Berechnung der Gleitgeschwindigkeit ist jedoch der Weg über den Gleitflugstaudruck einfacher und übersichtlicher:

$$\boxed{q_g = \frac{G/F_{Tr}}{c_g}} \quad (kg/m^2) \quad \ldots \ldots \ldots \ldots \ldots \quad (45)$$

q_g = Gleitflugstaudruck,
G/F_{Tr} = Flächenbelastung (kg/m²).

Für kleine Anstellwinkel α gilt entsprechend:

$$\boxed{q_g = \frac{G/F_{Tr}}{c_a}} \quad (kg/m^2) \quad \ldots \ldots \ldots \ldots \ldots \quad (45\,a)$$

Aufgabe 89: Ein Motorflugzeug erleidet in 5000 m Höhe eine Motorstörung und versucht, im Gleitflug möglichst weit zu kommen.

Der Tragflügel weist das Profil Gö 676 (s. Anhang S. 158) bei einem Seitenverhältnis $\lambda = 1/8,7$ auf. Beiwert des schädlichen Widerstandes $c_{ws} = 0,018$. Beiwert des Luftschraubenwiderstandes $c_{wL} = 0,015$.

Wie weit kann das Flugzeug bei Windstille über ebenem Gelände günstigenfalls kommen?

Lösung: Der Gleitwinkel hängt nur von den aerodynamischen Kennwerten eines Flugzeuges ab. Die Kenntnis des Fluggewichtes ist also nicht nötig. Um möglichst weit zu kommen, wird der Flugzeugführer bestrebt sein, den günstigsten Gleitwinkel bzw. die beste Gleitzahl E_{max} einzuhalten. Aus den Meßergebnissen für das Profil wird zunächst unter Berücksichtigung des Seitenverhältnisses und der schädlichen Widerstände diese beste Gleitzahl berechnet:

Änderung des Tragflügelwiderstandes beim Übergang von $\lambda_1 = 0,2$ auf $\lambda_2 = 0,115$:

$$\Delta c_w = \frac{c_a^2}{\pi}(\lambda_1 - \lambda_2) = \frac{c_a^2}{\pi}(0,2 - 0,115)$$

$$\Delta c_w = \frac{c_a^2}{\pi} \cdot 0,085 \cdot = \mathbf{0,0271}\, c_a^2$$

$$c_{wg} = c_{wTr_1} - \Delta c_w + c_{ws} + c_{wL} = c_{wTr_2} + 0,033.$$

c_a	$c_{w\,Tr_1}$	c_a^2	$\Delta\,c_w$	$c_{w\,T'_2}$	c_{wg}	$\dfrac{c_a}{c_{wg}}$
0,549	0,0301	0,302	0,0082	0,0219	0,0549	10
0,743	0,0477	0,552	0,0149	0,0328	0,0658	**11,3**
0,887	0,0684	0,790	0,0214	0,0470	0,0800	11,1

Die beste Gleitzahl E_{max} ergibt sich zu 11,3. Dazu gehört ein Gleitwinkel γ_{min}:

$$\operatorname{tg}\gamma_{min} = \frac{1}{E_{max}} = \frac{1}{11,3} = 0,0885$$

$$\gamma_{min} = 5^0\,4'$$

Die Strecke s, die das Flugzeug noch in horizontaler Richtung aus 5000 m Höhe zurücklegen kann, beträgt:

$$s = \frac{h}{\operatorname{tg}\gamma_{min}} = \frac{5000}{0,0885} = 56500 \text{ m} = \mathbf{56,5} \text{ km.}$$

Aufgabe 90: An einem Berghang mit 20^0 Neigung sollen Gleitflüge in gerader Richtung ausgeführt werden. Der vorhandene Schulgleiter jedoch hat einen so flachen Gleitwinkel, daß die Rücktransporte zu langwierig werden. Um den Gleitwinkel zu verschlechtern, befestigt man am Spannturm eine Sperrholzplatte, die senkrecht zur Flugrichtung stehend den schädlichen Widerstand des Gleiters wesentlich erhöht. Wie groß muß diese Platte sein, um bei der normalen Gleitgeschwindigkeit $v_g = 45$ km/h einen Gleitwinkel $\gamma = 15^0$ zu erreichen?

Die Flächenbelastung des Gleiters beträgt durchschnittlich $G/F_{Tr} = 10$ kg/m², $F_{Tr} = 14$ m². Der Beiwert des schädlichen Widerstandes des Gleiters im ursprünglichen Zustande beträgt: $c_{ws} = 0,025$, Seitenverhältnis $\lambda = 1/7$, Profil Gö 535 (s. Anhang S. 164).

b) Sinkgeschwindigkeit.

$$w_s = \sqrt{\frac{2}{\varrho}\cdot\frac{G}{F_{Tr}}\cdot\frac{c_{wg}^2}{c_g^3}} \quad \text{(m/s)} \quad \dots\dots\dots (46)$$

$w_s =$ Sinkgeschwindigkeit.

In Bodennähe und für kleine Anstellwinkel gilt:

$$w_s = 4\sqrt{\frac{G}{F_{Tr}}\cdot\frac{c_{wg}^2}{c_a^3}} \quad \text{(m/s)} \quad \dots\dots\dots (46\text{a})$$

$\dfrac{c_a^3}{c_{wg}^2} =$ Steigzahl.

Aufgabe 91: Die Sinkgeschwindigkeit eines Flugzeuges bei der Landung hat deshalb besondere Bedeutung, weil sie die maßgebende Stoßgeschwindigkeit darstellt, die das Fahrwerk aufzunehmen hat. Nach den Bauvorschriften für Flugzeuge (BVF 1936) ist dabei als Auftriebsbeiwert $c_a = 0,9\,c_{a\,max}$ anzunehmen.

Welche Sinkgeschwindigkeit bei $0,9\,c_{a\,max}$ erreicht ein Großflugzeug mit $G = 18000$ kg Fluggewicht und einer Tragfläche $F_{Tr} = 180$ m², wenn durch auftriebserhöhende Landeklappen ein Höchstauftriebsbeiwert $c_{a\,max} = 2,1$ erzielt werden kann und der zu $0,9\,c_{a\,max} = 1,89$ gehörige Widerstandsbeiwert $c_{wg} = 0,26$ beträgt?

Lösung: Um die Sinkgeschwindigkeit w_s nach Formel 46a zu berechnen, muß zunächst der Beiwert der Gesamtluftkraft c_g ermittelt werden (s. Abschnitt 7c, Formel 26a, S. 43):

$$c_g = \sqrt{c_a{}^2 + c_{wg}{}^2} = \sqrt{1,89^2 + 0,26^2} = 1,905$$

$$w_s = 4\sqrt{\frac{18000}{180} \cdot \frac{0,26^2}{1,905^3}} = 4\sqrt{0,983} = 4 \cdot 0,99 = \mathbf{3,96}\ \textbf{m/s}.$$

Aufgabe 92: Ein Segelflugzeug liegt in seinen Hauptabmessungen beim Entwurf fest. Es ist lediglich noch die Frage nach dem günstigsten Profil zu entscheiden. Aus baulichen Gründen soll die Wahl zwischen Gö 523 und Gö 535 getroffen werden (s. Jaeschke, Bd. I, S. 71). Mit welchem der beiden Profile ergibt sich die beste Gleitzahl und die geringste Sinkgeschwindigkeit?

Die Spannweite beträgt $b = 22$ m bei $\lambda = 1 : 25$.

Das Fluggewicht soll 300 kg nicht überschreiten. Der Rumpf weist elliptischen Querschnitt auf. An der Stelle des größten Querschnittes ist die Rumpfhöhe $h = 0,7$ m und die Rumpfbreite $B = 0,55$ m. Der Widerstandsbeiwert des Rumpfes wird auf $c_w = 0,07$ geschätzt.

Die Höhenleitwerksfläche beträgt $F_H = 1,75$ m², die Seitenleitwerksfläche $F_s = 1,4$ m². Beide Leitwerke sollen das symmetrische Profil Gö 459 (s. Anhang S. 167) erhalten. Zur Berücksichtigung des Ruderspaltes und des Randwiderstandes sollen die dort gegebenen Profilwiderstandsbeiwerte um 10% erhöht werden.

Weitere Widerstand liefernde Teile sind nicht vorhanden, da es sich um einen freitragenden Schulterdecker günstigster Formgebung handeln soll.

Aufgabe 93: Ein doppelsitziges Segelflugzeug soll eine geringste Sinkgeschwindigkeit $w_s = 1$ m/s nicht überschreiten. Die Tragfläche beträgt 20 m². Die Spannweite $b = 16$ m. Der Beiwert des schädlichen Widerstandes hat sich durch eine Modellmessung zu $c_{ws} = 0,006$ ergeben. Profil Gö 693 (s. Anhang S. 161).

a) Welches Höchstfluggewicht ist zulässig, um die Sinkgeschwindigkeit $w_{s\,min} = 1$ m/s nicht zu überschreiten?

b) Welche beste Gleitzahl erreicht der Doppelsitzer?

Aufgabe 94: Das erste erfolgreiche Muskelkraftflugzeug der Welt, das von den deutschen Ingenieuren Haeßler und Villinger konstruiert wurde, zeigte eine geringste Sinkgeschwindigkeit $w_s = 0,575$ m/s bei einer Fluggeschwindigkeit $v = 45$ km/h.

Das Gesamtfluggewicht betrug nur 111 kg bei einer Flächenbelastung $G/F_{Tr} = 11,34$ kg/m² und $b = 13,5$ m.

a) Welche beste Steigzahl hatte demnach das Flugzeug?

b) Welchen Wert nimmt der reine Profilwiderstandsbeiwert c_{wp} bei diesem Flugzustand an? Die schädliche Widerstandsfläche wird mit $\Sigma f_{ws} = 0,02$ m² angegeben.

c) Der senkrechte Sturzflug.

$$v_{end} = \sqrt{\frac{2}{\varrho} \cdot \frac{G}{F_{Tr}} \cdot \frac{1}{c_{w\,g}}} \quad \text{(m/s)} \quad \ldots \ldots \ldots \ldots \quad (47)$$

$v_{end} = $ Endgeschwindigkeit im Sturzflug.

$$c_{wg} = c_{w\,Tr\,\text{bei } c_a = 0} + c_{ws} + c_{w\,L} \quad \ldots \ldots \ldots \quad (47\,a)$$

Es ist einfacher und übersichtlicher, zunächst den Sturzflugendstaudruck zu berechnen:

$$q_{end} = \frac{G/F_{Tr}}{c_{w\,g}} \quad \text{(kg/m²)} \quad \ldots \ldots \ldots \ldots \quad (48)$$

Daraus

$$\boxed{v_{\text{end}} = \sqrt{\frac{2}{\varrho} \cdot q_{\text{end}}}} \quad (\text{m/s}) \dots \dots \dots \dots \quad (48\,\text{a})$$

Aufgabe 95: Wie groß ist der Sturzflugendstaudruck für ein Flugzeug mit 1500 kg Fluggewicht und 25 m² Fläche, wenn als Profil Clark Y (s. Jaeschke Bd. I, S. 71) verwendet wurde, $c_{ws} = 0.013$ und $c_{wL} = 0,013$ angenommen werden?

Lösung: Der Gesamtwiderstandsbeiwert bei $c_a = 0$ ist

$$c_{wg} = c_{wTr \text{ bei } c_a = 0} + c_{ws} + c_{wL} = 0,011 + 0,013 + 0,013$$

$$c_{wg} = \mathbf{0,037}$$

$$q_{\text{end}} = \frac{G/F_{Tr}}{c_{wg}} = \frac{1500}{0,035 \cdot 25} = \mathbf{1680} \text{ kg/m}^2.$$

Aufgabe 96: Ein Flugzeug von 1800 kg Fluggewicht und 22 m² Tragfläche befindet sich im senkrechten Sturzflug mit Endgeschwindigkeit. Profil Gö 676 (s. Anhang, S. 158). Beiwert des schädlichen Widerstandes $c_{ws} = 0,014$. Beiwert des Luftschraubenwiderstandes $c_{wL} = 0,011$.

Welche Kraft P_H und in welcher Richtung wirkend ist am Höhenleitwerk mit einer Fläche $F_H = 2$ m² erforderlich, um die senkrechte Flugbahn einzuhalten? Der Hebelarm Flugzeugschwerpunkt-Höhenleitwerkdruckmittel l_H beträgt 5 m. Die mittlere Flügeltiefe des Tragwerkes ist $t_m = 1,8$ m.

Aufgabe 97: Ein Segelflugzeug mit 13 kg/m² Flächenbelastung soll zur Ersparnis von Sturzflugbremsklappen mit einem Profil ausgeführt werden, dessen Widerstandsbeiwert c_{wp} bei $c_a = 0$ so groß ist, daß eine Sturzflugendgeschwindigkeit in Bodennähe von 350 km/h nicht überschritten wird. $c_{ws} = 0,007$.

Welches Profil könnte Verwendung finden?

Aufgabe 98: Ein Sturzbombenflugzeug beginnt einen senkrechten Sturzflug mit 3800 kg Fluggewicht. Im Zustand der Endgeschwindigkeit wird eine 500-kg-Bombe abgeworfen. Wenn der Sturzflugzustand beibehalten wird, ändert sich dadurch die Endgeschwindigkeit. Wieviel Prozent der Endgeschwindigkeit in 2000 m Höhe mit dem Ausgangsfluggewicht beträgt die Änderung, wenn die Auslösung der Bombe in

1500 m Höhe stattfindet und sich der neue Endzustand in 1000 m Höhe eingestellt hat? c_{wg} bleibe unverändert.

Aufgabe 99: Ein Segelflugzeug mit 20 kg/m² Flächenbelastung und einem Seitenverhältnis $\lambda = 1 : 18$ würde in Bodennähe eine Sturzflugendgeschwindigkeit $v_{end} = 500$ km/h erreichen. Durch den Einbau von Bremsklappen soll der Sturzflug auf $v_{end} = 250$ km/h beschränkt werden. Um wieviel Prozent muß der schädliche Widerstand durch die Bremsklappen erhöht werden, wenn das Profil Gö 693 Verwendung findet? (Siehe Anhang S. 161.)

d) Die Landung.

$$v_L = \sqrt{\frac{2}{\varrho} \cdot \frac{G}{F_{Tr}} \cdot \frac{1}{c_{g\,max}}} \quad \text{(m/s)} \quad \ldots \ldots \ldots \quad (49)$$

v_L = Landegeschwindigkeit,

ϱ = Luftdichte der Höhenlage, in der die Landung erfolgt,

$c_{g\,max}$ = größter Luftkraftbeiwert.

Mit guter Näherung gilt:

$$v_L = 4\sqrt{\frac{G}{F_{Tr} \cdot c_{a\,max}}} \quad \text{(m/s)} \quad\quad\quad\quad (49\,\text{a})$$

$$q_L = \frac{G/F_{Tr}}{c_{a\,max}} \quad \text{(kg/m²)} \quad \ldots \ldots \ldots \ldots \quad (50)$$

Aufgabe 100: Muß ein Flugzeug mit einer Flächenbelastung $G/F_{Tr} = 120$ kg/m² mit Landehilfen ausgerüstet werden, wenn das vorhandene feste Profil einen Höchstauftriebsbeiwert $c_{a\,max} = 1{,}4$ besitzt, und eine Landegeschwindigkeit von 110 km/h nicht überschritten werden soll? (Der Widerstand werde vernachlässigt.)

Lösung: Ohne Landeklappen würde folgende Landegeschwindigkeit auftreten:

$$v_L = 4\sqrt{\frac{G}{F_{Tr} \cdot c_{a\,max}}} = 4\sqrt{\frac{120}{1{,}4}} = 37 \text{ m/s}$$

$$v_L = 133 \text{ km/h}.$$

Um eine Landegeschwindigkeit von 110 km/h nicht zu überschreiten, ist folgender Höchstauftriebsbeiwert erforderlich: Einer Landegeschwindigkeit $v_L = 110$ km/h entspricht

$$q_L = \frac{v_L{}^2}{16} = 58,5$$

$$c_{a\,max} = \frac{120}{58,5} = \textbf{2,06.}$$

Also sind Landeklappen unbedingt erforderlich!

Aufgabe 101: Welche Landegeschwindigkeit ist unter Berücksichtigung des Maßstabeinflusses (Reynoldssche Zahl) für ein Großflugzeug mit $G = 30\,000$ kg Fluggewicht, 200 m² Tragfläche und einer Spannweite $b = 50$ m bei rechteckigem Tragflügelgrundriß zu erwarten? Profil NACA 23012 (s. Anhang S. 151).
Die Höchstauftriebsbeiwerte als Funktion der R-Zahl s. Bild 43, S. 171. Es sind zwei Näherungen durchzuführen.

Aufgabe 102: Ein Motorflugzeug erreicht im senkrechten Sturzflug in Bodennähe $v_{end} = 650$ km/h. Der Gesamtwiderstandsbeiwert beträgt dabei $c_{wg} = 0,03$.
Benötigt dieses Flugzeug Landeklappen, um eine Landegeschwindigkeit $v_L = 100$ km/h nicht zu überschreiten?

Aufgabe 103: Ist die Strömung um ein Flugzeugrad (Ballonrad von fast kugelförmiger Gestalt) mit dem Durchmesser $D = 35$ cm, das sich an einem Flugzeug mit 840 kg Fluggewicht und 12 m² Tragfläche, befindet, während der Landung über- oder unterkritisch? Der Tragflügel besitzt das Profil NACA 23012 (s. Anhang S. 151) und eine mittlere Flügeltiefe $t_m = 1,5$ m. ($R_{krit} = 4,05 \cdot 10^5$.)

Aufgabe 104: Ein Segelflugzeug mit dem Fluggewicht $G = 180$ kg erreicht im senkrechten Sturzflug ohne Bremsklappen einen Endstaudruck $q_{end} = 800$ kg/m². Profil Gö 535 (Anhang S. 164). $c_{ws} = 0,008$. $\lambda = 1/20$.

a) Welche Landegeschwindigkeit erreicht das Flugzeug?

b) Bei welchem Anstellwinkel wird die beste Gleitzahl erreicht?

c) Welche Gleitgeschwindigkeit gehört zur kleinsten Sinkgeschwindigkeit?

Aufgabe 105: Ein Sturzkampfflugzeug soll 600 km/h Endgeschwindigkeit in Bodennähe erreichen. Sein Fluggewicht beträgt 1200 kg. $c_{ws} = 0,016$, $c_{wL} = 0,014$. Profil Gö 676 (s. Anhang S. 158).

a) Wie groß muß die Flächenbelastung sein?

b) Auf welchen Anstellwinkel stellt sich das Flugzeug im Sturzflug ein?

c) Welche Kraft P_H muß beim Sturzflug am Höhenleitwerk wirken, um Längsgleichgewicht zu erzielen? (Die Momente der Widerstände werden vernachlässigt.) $l_H = 4,5$ m. $t_m = 1,8$ m.

d) Welcher Höchstauftriebsbeiwert $c_{a\,max}$ ist erforderlich, um eine Landegeschwindigkeit von 90 km/h nicht zu überschreiten?

Aufgabe 106: Ein freitragendes Segelflugzeug günstigster Formgebung besitzt ein Fluggewicht $G = 240$ kg und eine Tragfläche $F_{Tr} = 15$ m². Die Spannweite beträgt 17 m. Als Profil wurde Gö 655 verwendet, dessen Meßergebnisse nachfolgend für $\lambda = 0,2$ gegeben sind.

Der größte Rumpfquerschnitt senkrecht zur Flugrichtung beträgt $F_R = 0,4$ m². Der Widerstandsbeiwert des Rumpfes: $c_{w\,Rumpf} = 0,075$. Höhenleitwerksfläche: $F_H = 1,8$ m². Seitenleitwerksfläche $F_s = 1,5$ m².

Beide Leitwerke haben ein symmetrisches Profil mit einem Profilwiderstandsbeiwert $c_{wp} = 0,010$, wobei der Ruderspalt und der Randwiderstand bereits berücksichtigt sind.

Auf den gesamten schädlichen Widerstand wird ein Zuschlag von 12% hinzugerechnet, der die gegenseitige Beeinflussung (Interferenz) enthält.

a) Wie groß ist die günstigste Gleitzahl für dieses Segelflugzeug und die zugehörige Fluggeschwindigkeit?

b) Welche geringste Sinkgeschwindigkeit kann das Segelflugzeug bei Windstille erreichen?

c) Welche Landegeschwindigkeit ohne Landehilfen ist zu erwarten?

Meßergebnisse für das Profil Gö 655: ($\lambda = 1 : 5 = 0,2$).

α	c_a	c_w
— 6	+ 0,038	0,0127
— 3,1	0,236	0,0136
— 0,1	0,434	0,0230
+ 2,8	0,643	0,0366
5,7	0,833	0,0567
8,6	1,023	0,0845
11,6	1,198	0,117
14,5	1,340	0,153
16,5	1,391	0,187
17,5	1,390	0,206

Aufgabe 107: Der Entwurf eines Hochleistungssegelflugzeuges, das bei nicht allzu großer Spannweite gute Leistungen zeigen soll, sieht folgende Abmaße vor:

Fluggewicht $G = 235$ kg, $F_{Tr} = 16,3$ m²,

Spannweite $b = 16$ m.

Der Tragflügel hat elliptischen Grundriß. Als Profil ist Gö 693 vorgesehen, dessen Meßergebnisse für $\lambda = 0$ im Anhang S. 161 gegeben sind.

Der Rumpf besitzt elliptischen Querschnitt, der an der Stelle des Flügelanschlusses folgende größte Maße aufweist: Höhe $H = 0,85$ m, Breite $B = 0,46$ m. Diese geringe Breite ist nur dadurch möglich, daß die Arme des Führers zum Teil in die Flügelwurzeln zu liegen kommen. Widerstandsbeiwert des Rumpfes: $c_{wR} = 0,06$.

Das Höhenleitwerk mit $F_H = 1,3$ m² und das Seitenleitwerk mit $F_s = 0,85$ m² haben ein symmetrisches Profil mit $c_{wp} = 0,009$, wobei Randwiderstand und Ruderspalt bereits enthalten sein sollen. Folgende Flugleistungen sollen berechnet werden:

a) Wie groß wird die beste Gleitzahl und die dazugehörige Gleitgeschwindigkeit?

b) Welchen Wert nimmt die kleinste Sinkgeschwindigkeit an und welche Gleitgeschwindigkeit gehört dazu?

c) Welche Landegeschwindigkeit ist zu erwarten?

d) Wie groß wird die Sturzfluggeschwindigkeit in 500 m Höhe?

5*

Aufgabe 108: Wie ändern sich die Flugleistungen a) bis d) des in voriger Aufgabe beschriebenen Segelflugzeuges, wenn es bei sonst gleichen Abmessungen als Doppelsitzer ausgeführt wird, indem der größte Rumpfquerschnitt um 30% erhöht wird? Das Fluggewicht nimmt um 110 kg zu.

Aufgabe 108a: Das Segelflugzeug der Aufgabe 107 soll mit um 15% vermindertem Fluggewicht auf seine Flugleistungen hin untersucht werden. Die Gewichtsverminderung werde dadurch erreicht, daß die Tragfläche bei gleichbleibendem Seitenverhältnis um 10% und der Rumpfquerschnitt um 20% verkleinert werde.

Gesucht sind die Flugleistungen nach 107a bis d!

10. Der Waagerechtflug.

a) Höchste Waagerechtgeschwindigkeit.

$$v_h = 0,98 \sqrt[3]{\frac{N \cdot 75 \cdot \eta_L \cdot 2}{\varrho \cdot c_{wg} \cdot F_{Tr}}} \quad \text{(m/s)} \quad \dots \dots \dots (51)$$

v_h = höchste Waagerechtgeschwindigkeit,
N = Gesamtmotorleistung (PS),
η_L = Luftschraubenwirkungsgrad,
ϱ = Luftdichte,
$c_{wg} = c_{w\,Tr\ \text{bei}\ c_a = 0} + c_{ws}$,
F_{Tr} = Tragfläche.

$$q_h = \frac{\varrho}{2} \cdot v_h^2 \quad \text{(kg/m}^2\text{)} \quad \dots \dots \dots \dots \dots (51\,a)$$

q_h = größter Waagerechtstaudruck.

Aufgabe 109: Welche Höchstgeschwindigkeit bei Vollgas erreicht ein Flugboot unmittelbar über dem Wasserspiegel, das bei 10 t Fluggewicht und 98 m² Tragfläche durch zwei Motoren zu je 600 PS angetrieben wird? Der Luftschraubenwirkungsgrad wird zu $\eta_L = 0,76$ geschätzt. Das verwendete Profil hat starke Ähnlichkeit mit NACA 23012 (Anhang S. 151). Das Seitenverhältnis beträgt $\lambda = 1 : 5,75$. Der Beiwert des schädlichen Widerstandes wird zu $c_{ws} = 0,020$ angenommen.

Lösung: Für das Profil NACA 23012 ergibt sich bei c_a = 0,2 und unter Berücksichtigung des Randwiderstandes ein Gesamtwiderstandsbeiwert

$$c_{wg} = c_{wp} + c_{wi} + c_{ws} = 0,0072 + \frac{c_a^2}{\pi} \cdot \lambda + 0,020$$

$$c_{wg} = 0,0072 + \frac{0,2^2}{\pi} \cdot \frac{1}{5,75} + 0,020 = 0,0072 + 0,0022 + 0,020$$

$$c_{wg} = \mathbf{0,0294.}$$

Mit diesem Wert ergibt sich nach Formel 51:

$$v_h = 0,98 \cdot \sqrt[3]{\frac{N \cdot 75 \cdot \eta_L \cdot 16}{c_{wg} \cdot F_{Tr}}} = 0,98 \cdot \sqrt[3]{\frac{1200 \cdot 75 \cdot 0,76 \cdot 16}{0,0294 \cdot 98}}$$

$$v_h = 0,98 \cdot 72,3 = 71 \text{ m/s} = \mathbf{256} \text{ km/h.}$$

Die angegebenen Werte stimmen ziemlich genau mit denen des Dornier-Flugbootes Do 18 überein. Dieses erreichte bei Meßflügen eine höchste Waagerechtgeschwindigkeit v_h = 260 km/h. Man sieht daraus, daß die Formel 51 gute Näherungswerte ergibt.

Aufgabe 110: Gegeben sind die Abmessungen folgenden Flugzeuges: Fluggewicht G = 2300 kg, F_{Tr} = 32 m². c_{ws} = 0,016, c_{wL} = 0,015. Profil M 12 (Gö 676) (s. Anhang S. 154).

a) Welche Motorleistung ist erforderlich, um bei einem Luftschraubenwirkungsgrad η_L = 0,75 eine höchste Waagerechtgeschwindigkeit v_h = 320 km/h zu erreichen?

b) Um wieviel erhöht sich die Waagerechtgeschwindigkeit durch Verdopplung der Motorleistung?

c) Welche Sturzflugendgeschwindigkeit würde dieses Flugzeug in Bodennähe erreichen?

Aufgabe 111: Ein Verkehrsflugzeug ist bei einem Fluggewicht G = 3620 kg mit einem 600-PS-Motor ausgerüstet. Die Flächenbelastung beträgt 95 kg/m². Die gesamte Restwiderstandsfläche (Flügelwiderstand + schädlicher Widerstand) ist zu f_w = 1 m² berechnet.

a) Welche höchste Waagerechtgeschwindigkeit in Bodennähe erreicht dieses Flugzeug bei einem η_L = 0,7?

b) Welche Landegeschwindigkeit tritt auf, wenn durch Landeklappen ein Höchstauftriebsbeiwert $c_{a\max}$ = 1,75 erzielt werden kann?

c) Welchen Wert besitzt der Gesamtwiderstandsbeiwert im Waagerechtflug mit v_h?

Aufgabe 112: Ein freitragender Tiefdecker mit einziehbarem Fahrwerk wiegt 1100 kg und hat 15 m² Tragfläche. Die Spannweite beträgt 11 m. Als Profil ist Gö 676 (Anhang S. 158) verwendet.

Der Rumpf des Flugzeuges weist einen größten Spantquerschnitt $F_R = 1,6$ m² auf. Der Widerstandsbeiwert des Rumpfes mit Motor ist $c_w = 0,13$.

Das Höhenleitwerk mit $F_H = 2$ m² besitzt ein symmetrisches Profil mit $c_{wp} = 0,0095$. Das Seitenleitwerk mit $F_s = 1,8$ m² zeigt ein etwas dickeres Profil, dessen Profilwiderstandsbeiwert $c_{wp} = 0,01$ beträgt.

a) Welche Auftriebskraft A greift am Tragwerk bei einer Waagerechtgeschwindigkeit $v_h = 260$ km/h an? Welcher Anstellwinkel gehört dazu?

b) Welche Motorleistung ist erforderlich, um bei $\eta_L = 0,72$ die genannte Waagerechtgeschwindigkeit zu erreichen?

c) Wie groß ist dabei die Widerstandskraft, die der Schraubenzug bei v_h zu überwinden hat?

Aufgabe 113: Der Sturzflugendstaudruck eines Flugzeuges mit $G = 2000$ kg beträgt $q_{st} = 1800$ kg/m². $c_{ws} = 0,021$, $c_{mL} = 0,012$.

a) Wie groß ist die Flächenbelastung des Flugzeuges?

b) Welche Motorleistung ist erforderlich, um eine höchste Waagerechtgeschwindigkeit $v_h = 250$ km/h in Bodennähe zu erreichen? $\eta_L = 0,72$. Profil Clark Y (s. Jaeschke, Bd. I, S. 71). $\lambda = 1 : 5$.

Aufgabe 114: Das in Jaeschke Bd. I, S. 126 ff. beschriebene Postflugzeug erreicht mit einem 770-PS-Motor bei $\eta_L = 0,775$ eine höchste Waagerechtgeschwindigkeit $v_h = 353$ km/h. Das Fluggewicht beträgt 3290 kg, $F_{Tr} = 33,6$ m².

Welche Erhöhung der höchsten Waagerechtgeschwindigkeit würde eintreten, wenn die Motorvolleistung auf 1000 PS gesteigert wird?

Aufgabe 115: Das in Aufgabe 92, S. 61 untersuchte Segelflugzeug mit Profil Gö 535 soll in einen Motorsegler mit einem Triebwerk von 18 PS verwandelt werden.

Rumpf, Leitwerk und Beiwert des schädlichen Widerstandes c_{ws} sollen unverändert bleiben. Die Gewichtserhöhung durch den Motor soll dadurch ausgeglichen werden, daß eine kleinere Tragfläche mit dem Seitenverhältnis $\lambda = 1 : 15$, Profil Gö 677 (s. Anhang S. 157) verwendet wird. Die erreichbare Höchstwaagerechtgeschwindigkeit soll $v_h = 160$ km/h betragen. ($\eta_L = 0,7$.)

a) Wie groß muß die Tragfläche werden?

b) Wie verhält sich die Sturzflugendgeschwindigkeit des Motorseglers gegenüber der des Segelflugzeuges, wenn der Luftschraubenwiderstand $c_{wL} = 0,015$ beträgt?

c) Um wieviel ist die Landegeschwindigkeit des Motorseglers höher als die des Segelflugzeuges?

Aufgabe 116: a) Welche Leistung muß der Pilot des Muskelkraftflugzeuges Haeßler u. Villinger beim Waagerechtflug in Bodennähe aufbringen, wenn nach Aufgabe 94, S. 62 der Gesamtwiderstandsbeiwert c_{wg} berechnet wurde und der Wirkungsgrad des Luftschraubenantriebs mit $\eta = 0,8$ angegeben wird?

b) Welche Flugstrecke würde das Muskelflugzeug ohne Antrieb zurücklegen, wenn es durch Gummiseilstart eine Flughöhe von 4 m erreicht? Die beste Gleitzahl beträgt 1 : 24.

Aufgabe 117: Der Tragflügelwiderstand eines Jagdflugzeuges betrage in 0 m Höhe bei 750 km/h $W_{Tr} = 300$ kg. Der Tragflügelwiderstand stellt 50% des Gesamtwiderstandes dar. Flächenbelastung $G/F_{Tr} = 200$ kg/m², Seitenverhältnis $\lambda = 1 : 6$, $b = 7,9$ m.

Welche Motorleistung ist erforderlich, wenn der Luftschraubenwirkungsgrad mit $\eta_L = 0,82$ geschätzt wird?

b) Reiseflug.

$$v_R = \sqrt[3]{\frac{0,85 \cdot N_{max} \cdot 75 \cdot \eta_L \cdot 2}{\varrho \cdot c_{wg} \cdot F_{Tr}}} \quad \text{(m/s)} \quad \ldots \ldots \quad (52)$$

v_R = Reisegeschwindigkeit,

$0,85\,N_{max}$ = Reiseleistung = Dauerleistung des Motors (PS),

η_L = Luftschraubenwirkungsgrad bei Dauerleistung,

ϱ = Luftdichte in der Höhe, in welcher der Reiseflug stattfindet,

$c_{wg} = c_{w\,Tr}\,\text{bei}\,c_a = 0,2\,\text{bis}\,0,25} + c_{ws}.$

Aufgabe 118: Ein 50-Tonnen-Flugboot besitzt sechs Motoren zu je 1000 PS Höchstleistung. Der Luftschraubenwirkungsgrad bei Dauerleistung wird zu $\eta_L = 0,78$ geschätzt.

Die Tragfläche beträgt 350 m² bei einem Seitenverhältnis $\lambda = 1 : 6$. Profil NACA 2416 (s. Abschnitt 7b, S. 42).

Der Beiwert des schädlichen Widerstandes ist nach Modellmessungen: $c_{ws} = 0,02$.

Welche Reisegeschwindigkeit ist für das Flugboot zu erwarten? Flughöhe: Bodennähe.

Lösung: Zunächst wird der Gesamtwiderstandsbeiwert ermittelt:

$c_{wg} = c_{w\,Tr_2} + c_{ws}$. Der Widerstandsbeiwert $c_{w\,Tr_2}$, der für $\lambda = 1 : 4$ der Zahlentafel der Meßergebnisse bei $c_a = 0,25$ entnommen wird, muß auf $\lambda = 1 : 6$ umgerechnet werden.

$$c_{w\,Tr_2} = c_{w\,Tr_1} - \Delta\,c_w = 0,0170 - \frac{c_a^2}{\pi}\,(\lambda_1 - \lambda_2)$$

$$c_{w\,Tr_2} = 0,0170 - \frac{0,25^2}{\pi}\,(0,25 - 0,167) = 0,0170 - 0,0002$$

$$c_{w\,Tr_2} = 0,0168.$$

Man sieht, daß die Umrechnung bei ähnlichen Seitenverhältnissen vernachlässigt werden kann, da eine solche Änderung innerhalb der Meß- und Ablesegenauigkeit liegt! Nunmehr ergibt sich:

$$c_{wg} = 0,0168 + 0,0200 = \mathbf{0,0368}$$

$$v_R = \sqrt[3]{\frac{0,85 \cdot N_{max} \cdot 75 : \eta_L \cdot 2 \cdot 8}{c_{wg} \cdot F_{Tr}}}$$

$$v_R = \sqrt[3]{\frac{0,85 \cdot 6000 \cdot 75 \cdot 0,78 \cdot 2 \cdot 8}{0,0368 \cdot 350}} = \overline{370\,000}$$

$$v_R = 71,6\,\text{m/s} = \underline{\mathbf{258}}\,\text{km/h.}$$

Aufgabe 119: Ein Reiseflugzeug·für den Privatmann soll eine Reisegeschwindigkeit von 300 km/h bei 85% der Motorvolleistung aufweisen. Der Luftschraubenwirkungsgrad betrage $\eta_L = 0,7$. Das viersitzige Flugzeug soll im Höchstfalle 1200 kg wiegen, die Flächenbelastung soll unter 80 kg/m² bleiben, um eine Landegeschwindigkeit $v_L = 95$ km/h nicht zu überschreiten. (Ohne Landeklappen!)

Der Tragflügel mit dem Seitenverhältnis $\lambda = 1 : 6$ erhält das Profil Gö 617 (s. Anhang S. 157). c_{ws} soll bei guter Formgebung 0,012 nicht überschreiten. Der Luftschraubenwiderstandsbeiwert im Sturzflug wird zu $c_{wL} = 0,012$ angenommen.

a) Wie groß muß die Tragfläche ausgeführt werden?

b) Wie stark muß der Motor sein?

c) Wie groß wird die Sturzflugendgeschwindigkeit in Bodennähe?

Aufgabe 120: Aus Flugversuchen hat sich für ein Verkehrsflugzeug von 7700 kg Fluggewicht und 82 m² Tragfläche eine Reisegeschwindigkeit $v_R = 285$ km/h ergeben. Das Flugzeug ist mit zwei Motoren zu je 600 PS Volleistung und 510 PS Dauerleistung ausgerüstet.

Durch Windkanalmessungen mit einem Tragflügelmodell ist der Beiwert des Tragflügelwiderstandes bei $c_a = 0,25$ bekannt. Er beträgt $c_{wTr} = 0,01$. Der Luftschraubenwirkungsgrad bei Dauerleistung und der Fluggeschwindigkeit 285 km/h ist aus Vergleichsmessungen mit $\eta_L = 0,75$ anzusetzen.

Wie groß ist der Beiwert des schädlichen Widerstandes c_{ws} für das ganze Flugzeug?

c) Höhenflug.

$$v_z = \sqrt[3]{\frac{N_z \cdot 75 \cdot \eta_{Lz} \cdot 2}{\varrho_z \cdot c_{wg} \cdot F_{Tr}}} \quad \text{(m/s)} \quad \ldots \ldots \ldots \ldots \quad (53)$$

v_z = höchste Waagerechtgeschwindigkeit in der Höhe z,

N_z = Motorleistung bei Vollgas in der Höhe z (PS),

η_{Lz} = Luftschraubenwirkungsgrad in der Höhe z,

ϱ_z = Luftdichte in der Höhe z (kg s²/m⁴),

$c_{wg} = c_{wTr}$ bei $c_a > 0,2$ $+ c_{ws}$.

Für einen normalen Bodenmotor (ohne Höhengebläse)
gilt:

$$\boxed{N_z = \nu_z \cdot N_0} \ \text{(PS)} \ \dots \dots \dots \dots \dots \dots \ (54)$$

ν_z = Beiwert, der die Abnahme der Motorleistung mit der
Höhe kennzeichnet (s. Anhang S. 173, Bild 45),
N_0 = Volleistung des Motors in Bodennähe (PS).

$$\boxed{\nu_z = \frac{1}{\eta_m}\left[\frac{\gamma_z}{\gamma_0} - (1 - \eta_m)\right]} \ \dots \dots \dots \dots \ (55)$$

η_m = mechanischer Wirkungsgrad (bei Motoren normaler
Bauart: $\eta_m = 0{,}85$),

$\dfrac{\gamma_z}{\gamma_0}$ = Verhältnis der Luftwichten in Höhe z und in Bodennähe.

Aufgabe 121: Welche höchste Waagerechtgeschwindigkeit
erreicht ein Sportflugzeug mit 1100 kg Fluggewicht, das mit
einem 150-PS-Bodenmotor ausgerüstet ist, in 6000 m Höhe?
$F_{Tr} = 22 \text{ m}^2$, $\lambda = 1 : 9$, Profil Gö 676 (s. Anhang S. 158),
$\eta_{Lz} = 0{,}7$ ($\eta_L = 0{,}75$), $c_{ws} = 0{,}018$.
Um wieviel km/h ist v_z geringer als v_h?

Lösung: Da ein normaler Bodenmotor vorhanden ist,
nimmt die Motorleistung mit der Höhe ständig ab. In 6000 m
Höhe leistet der Motor noch (ν_z aus Anhang S. 173, Bild 45):
$$N_z = \nu_z \cdot N_0 = 0{,}458 \cdot 150 = 68{,}7 \text{ PS.}$$

Der zum Waagerechtflug gehörige Auftriebsbeiwert, der
in Bodennähe etwa 0,2 beträgt, wächst mit der Höhe bis zum
Höchstauftriebsbeiwert in Gipfelhöhe. Deswegen müssen gewöhnlich zwei Näherungen durchgeführt werden, um einen
Tragflügelwiderstandsbeiwert c_{wTr} einzusetzen, der dem wirklichen c_a entspricht. Es soll hier c_a zunächst zu 0,35 angenommen werden. Dazu gehört bei $\lambda = 0$ der Messung ein
$c_{wp} = 0{,}0093$. Beim Übergang zum Seitenverhältnis 1 : 9
ändert sich der Tragflügelwiderstandsbeiwert um

$$c_{wi} = \frac{c_a{}^2}{\pi}\,\lambda = \frac{0{,}35^2}{\pi}\,0{,}111 = 0{,}0044.$$

Also wird
$$c_{wTr} = 0{,}0093 + 0{,}0044 = 0{,}0137.$$

Und damit
$$c_{wg} = c_{wTr} + c_{ws} = 0{,}0137 + 0{,}0180 = \mathbf{0{,}0317.}$$

Nunmehr kann nach Formel 53 die Geschwindigkeit v_z in 6000 m Höhe berechnet werden ($\varrho_z = 0,0673$):

$$v_z = \sqrt[3]{\frac{N_z \cdot 75 \cdot \eta_{L_z} \cdot 2}{\varrho_z \cdot c_{wg} \cdot F_{Tr}}} = \sqrt[3]{\frac{68,7 \cdot 75 \cdot 0,7 \cdot 2}{0,0673 \cdot 0,0317 \cdot 22}}$$

$$v_z = \sqrt[3]{154\,000} = 53,5 \text{ m/s} = \mathbf{193 \text{ km/h}}.$$

Mit diesem Wert, der eine erste Näherung darstellt, wird das wahrscheinliche c_a nachgeprüft:

$$c_a = \frac{G/F_{Tr}}{q_z} = \frac{50}{96,5} = 0,52, \text{ da } q_z = \frac{\varrho_z}{2} \cdot v_z^2 = 96,5.$$

2. Näherung:

Mit dem neuen c_a-Wert ergibt sich ein wesentlich größerer Profilwiderstandsbeiwert:

$$c_{wp} = 0,01.$$

Die Umrechnung auf das Seitenverhältnis des Flugzeuges ergibt:

$$c_{w\,Tr_z} = 0,0196.$$

Also wird .

$$c_{wg} = c_{w\,Tr_z} + c_{ws} = 0,0196 + 0,0180 = 0,0376.$$

Damit ergibt sich

$$v_z = \sqrt[3]{\frac{68,7 \cdot 75 \cdot 0,7 \cdot 2}{0,0673 \cdot 0,0376 \cdot 22}} = \sqrt[3]{130\,000} = 50,5 \text{ m/s}$$

$$v_z = \mathbf{182 \text{ km/h}}.$$

In Bodennähe mit der vollen Motorleistung ergäbe sich als höchste Waagerechtgeschwindigkeit:

$$c_{wg \text{ bei } c_a = 0,2} = 0,009 + 0,018 = 0,027$$

$$v_h = 0,98 \sqrt[3]{\frac{N \cdot 75 \cdot \eta_L \cdot 16}{c_{wg} \cdot F_{Tr}}} = 0,98 \sqrt[3]{\frac{150 \cdot 75 \cdot 0,75 \cdot 16}{0,027 \cdot 22}}$$

$$v_h = 0,98 \sqrt[3]{227\,000} = 0,98 \cdot 60,9 = 59,6 \text{ m/s} = \underline{\mathbf{215 \text{ km/h}}}.$$

Das Flugzeug ist also in Bodennähe rund 30 km/h schneller.

Aufgabe 122: Welche Bodenvolleistung der Motoren ist erforderlich, wenn ein viermotoriges Flugzeug mit 6930 kg

Fluggewicht in 5000 m Höhe eine Reisegeschwindigkeit von 325 km/h erzielen soll?

Der Luftschraubenwirkungsgrad $\eta_{L_s} = 0,72$ und $c_{ws} = 0,013$ werden angenommen.

Die Tragfläche ist 63 m² groß, hat ein Seitenverhältnis $\lambda = 1 : 7,7$ und weist das Profil Gö 617 (s. Anhang S. 157) auf.

d) Reichweite.

$$R = \frac{G_B}{B_{km}} \quad (km) \quad \ldots \ldots \ldots \ldots \ldots \ldots \quad (56)$$

$R =$ Reichweite eines Flugzeuges bei Windstille,
$G_B =$ verfügbares Brennstoffgewicht (kg),
$B_{km} =$ Brennstoffverbrauch pro Kilometer (kg/km).

$$B_{km} = \frac{N \cdot b}{v} \quad (kg/km) \ldots \ldots \ldots \ldots \ldots \ldots \quad (57)$$

$N =$ Motorleistung $=$ Drosselleistung, bei der mit geringstem Brennstoffverbrauch geflogen wird (PS),
$b =$ Brennstoffverbrauch pro PS-Stunde (spezifischer Brennstoffverbrauch) (kg/PSh),
$v =$ Geschwindigkeit bei geringstem Brennstoffverbrauch (bei überschlägigen Rechnungen: Reisegeschwindigkeit v_R) (km/h).

Das Schmierstoffgewicht darf nur dann zum Brennstoffgewicht G_B gerechnet werden, wenn der spezifische Verbrauch b gleichfalls den spezifischen Schmierstoffverbrauch enthält.

Aufgabe 123: Welches Brennstoffgewicht muß ein Flugzeug mindestens aufnehmen können, wenn es bei einer Reisegeschwindigkeit $v_R = 320$ km/h eine Reichweite von 6000 km aufweisen soll? Als Triebwerke sind vier Motoren zu je 500 PS Dauerleistung bei 230 g/PSh Kraftstoffverbrauch vorhanden.

Lösung: Man errechnet zunächst den Brennstoffverbrauch pro Kilometer:

$$B_{km} = \frac{N \cdot b}{v_R} = \frac{4 \cdot 500 \cdot 0,23}{320} = 1,437 \text{ kg/km}$$

$$G_B = R \cdot B_{km} = 6000 \cdot 1,437 = \underline{8620} \text{ kg.}$$

Aufgabe 124: Ein Langstreckenflugboot hat die Überquerung einer längeren Seestrecke vor sich, auf der ein durchschnittlicher Gegenwind von 50 km/h herrscht. Die Reisegeschwindigkeit des Flugbootes beträgt $v_R = 280$ km/h. Dabei zeigen die vier Motoren zu je 900 PS Dauerleistung einen spezifischen Brennstoffverbrauch $b = 240$ g/PSh.

Der geringste Brennstoffverbrauch mit $b_{min} = 210$ g/PSh liegt jedoch bei der Fluggeschwindigkeit $v = 210$ km/h, wobei die Motoren eine Drosselleistung von je 700 PS abgeben.

Mit welcher von diesen beiden Geschwindigkeiten empfiehlt es sich zu fliegen?

Aufgabe 125: Wie weit darf ein Langstreckenbomber in das Land des Gegners höchstens hineinfliegen, wenn genügend Betriebsstoff für den Rückflug bleiben soll? Der Startplatz liegt 200 km von der Grenze entfernt.

Der Bomber zeigt eine Reisegeschwindigkeit $v_R = 510$ km/h bei einer gesamten Dauerleistung $N = 2000$ PS, die sich auf zwei Motoren verteilt. Der zugehörige Brennstoffverbrauch beträgt $b = 170$ g/PSh (Rohöl-Motoren!). Es kann ein Brennstoffvorrat von 1600 kg mitgenommen werden.

Aufgabe 126: Wie ändert sich die praktische Reichweite des Bombers der vorhergehenden Aufgabe, wenn an Stelle der Rohölmotoren normale Ottomotoren mit je 1100 PS Dauerleistung und einem spez. Brennstoffverbrauch $b = 225$ g/PSh Verwendung finden, die dem Flugzeug eine Reisegeschwindigkeit von 525 km/h erteilen? Die mitgeführte Brennstoffmenge ist die gleiche.

e) Flugdauer.

$$\boxed{T = \frac{G_B}{B_h}} \text{ (h)} \quad \dots \dots \dots \dots \dots \quad (58)$$

$G_B = $ verfügbares Brennstoffgewicht (kg),
$B_h = $ Brennstoffverbrauch pro Stunde (kg/h).

$$\boxed{B_h = N \cdot b} \text{ (kg/h)} \quad \dots \dots \dots \dots \dots \quad (59)$$

$N = $ Motorleistung = Drosselleistung bei geringstem Kraftstoffverbrauch (PS),
$b = $ spezifischer Brennstoffverbrauch (kg/PSh).

Aufgabe 127: Wie lange kann sich ein Jagdflugzeug in der Luft halten, wenn es als Triebwerk einen Motor von 1000 PS mit $b = 210$ g/PSh besitzt und 400 kg Kraftstoff mitnehmen kann?

Lösung: Der stündliche Kraftstoffverbrauch beträgt:

$$B_h = 1000 \cdot 0,21 = 210 \text{ kg/h}.$$

Damit wird die Flugdauer

$$T = \frac{G_B}{B_h} = \frac{400}{210} = 1,9^{\,h} = \underline{1^{\text{h}} 54'}.$$

Aufgabe 128: Ein Flugzeug erhält an Stelle dreier Benzinmotoren zu je 500 PS Volleistung bei 240 g/PSh zwei Schweröl-Flugmotoren Jumo 204 zu 750 PS mit einem Brennstoffverbrauch $b = 170$ g/PSh.

Um wieviel erhöht sich dadurch die mögliche Flugdauer bei gleichem Brennstoffvorrat?

11. Steigflug.

a) Steiggeschwindigkeit.

$$\boxed{w = w_h - w_s} \quad \text{(m/s)} \quad \dots \dots \dots \dots \dots \quad (60)$$

w = Steiggeschwindigkeit eines Flugzeuges,
w_h = Hubgeschwindigkeit (m/s),
w_s = Sinkgeschwindigkeit (m/s) (s. Abschnitt 9b, Formel 46, S. 60).

$$\boxed{w_h = \frac{75 \cdot N \cdot \eta_L}{G}} \quad \text{(m/s)} \quad \dots \dots \dots \dots \quad (61)$$

N = Motorleistung im Steigflug (PS),
η_L = Luftschraubenwirkungsgrad im Steigflug,
G = Fluggewicht (kg).

$$\boxed{w = \frac{75 \cdot N \cdot \eta_L}{G} - \sqrt{\frac{G}{F_{Tr}} \cdot \frac{2}{\varrho} \cdot \frac{c_{wg}^2}{c_a^3}}} \quad \text{(m/s)} \quad \dots \quad (60\,\text{a})$$

Aufgabe 129: Es soll ein Kleinflugzeug entworfen werden, das mindestens eine Steiggeschwindigkeit $w_{\text{max}} = 2$ m/s in Bodennähe aufweisen kann. Als Triebwerk findet ein 18-PS-

Motor Verwendung, der im Steigflug schätzungsweise 16 PS Nutzleistung abgeben wird. Eine geeignete Luftschraube wird dabei mit $\eta_L = 0,75$ arbeiten. Die Tragfläche beträgt $F_{Tr} = 8$ m². Die Auswertung der Polare des Flugzeuges ergibt als Minimum für den Kehrwert der Steigzahl:

$$\frac{c_{wg}^2}{c_a^3} = 0,006.$$

Kann eine Steiggeschwindigkeit $w_{max} = 2$ m/s erreicht werden, wenn das Fluggewicht voraussichtlich 220 kg betragen wird?

Lösung: $\qquad w = w_h - w_s.$

Die Hubgeschwindigkeit ergibt sich zu:

$$w_h = \frac{N \cdot 75 \cdot \eta_L}{G} = \frac{16 \cdot 75 \cdot 0,75}{220} = \textbf{4,1 m/s.}$$

Die Sinkgeschwindigkeit des Flugzeuges dagegen beträgt:

$$w_s = \sqrt{\frac{G \cdot 16 \cdot c_{wg}^2}{F_{Tr} \cdot c_a^3}} = \sqrt{\frac{220 \cdot 16 \cdot 0,006}{8}} = \textbf{1,62 m/s.}$$

Also wird die Steiggeschwindigkeit bei $c_a = 1,2$:

$$w = 4,1 - 1,62 = \underline{\textbf{2,48}} \text{ m/s.}$$

Aufgabe 130: Ein zweimotoriges Flugzeug soll in 1500 m Höhe noch 1 m/s Steiggeschwindigkeit nach Ausfall eines Seitenmotors aufweisen. Diese Leistungsreserve ist erforderlich, um genügend manövrierfähig zu bleiben. Das Fluggewicht beträgt 1500 kg, die Tragfläche $F_{Tr} = 18,75$ m².

Die Auswertung der Flugzeugpolare ergibt für normalen Geradeausflug eine größte Steigzahl bei $c_a = 1,2$:

$$\left(\frac{c_a^3}{c_{wg}^2}\right)_{max} = 160.$$

Durch Ausfall eines Seitenmotors erhöht sich der Widerstand zunächst um den Luftschraubenwiderstand, der durch $c_{wL} = 0,012$ ausgedrückt wird. Außerdem wird der Widerstand des Flugzeuges dadurch höher, daß ein Schiebeflug entsteht, der nur zum Teil durch Seitenruderausschlag ausgeglichen wird. Diese Erhöhung soll durch einen Zuschlag von 5% zum Gesamtwiderstandsbeiwert berücksichtigt werden.

Welche effektive Leistung muß der noch arbeitende **Motor** mindestens abgeben, wenn der Luftschraubenwirkungsgrad $\eta_L = 0,7$ geschätzt vird?

Aufgabe 131: Ein zweimotoriges Kleinflugzeug von 480 kg Fluggewicht zeigt durch Flugversuche eine höchste Steiggeschwindigkeit in Bodennähe von $w_{max} = 5$ m/s. Jeder Motor leistet bei Vollgas und Höchstdrehzahl 40 PS. Die Drehzahlablesung im Fluge läßt schließen, daß jeder Motor im Steigflug nur 34 PS abgeben kann. Die Größe der Tragfläche beträgt 12,6 m². $\eta_L = 0,65$.

Wie groß ist die beste Steigzahl des Flugzeuges?

b) Steigwinkel.

$$\boxed{\sin\gamma = \frac{w}{v}} \ (\gamma \text{ in Grad}) \ \dots\dots\dots\dots\dots \ (62)$$

$\gamma =$ Steigwinkel = Winkel zwischen Flugbahn und Horizontale,

$w =$ Steiggeschwindigkeit (s. Abschnitt 11 a),

$v =$ zugehörige Fluggeschwindigkeit (m/s).

$$\boxed{\sin\gamma = \frac{S_{Res}}{G} = \frac{S - W_g}{G}} \ \dots\dots\dots\dots \ (63)$$

$S_{Res} =$ Schubreserve = Schubüberschuß,

$S_{Res} = S - W_g =$ Schub — Gesamtwiderstand. (Dieser Wert kann dem sog. Zugkraftdiagramm $S = f(q)$ entnommen werden.)

$$\boxed{\operatorname{tg}\gamma = \frac{w}{v_x}} \ \dots\dots\dots\dots\dots\dots \ (64)$$

$v_x =$ waagerechte Vorwärtsgeschwindigkeit im Steigflug (m/s).

$$\boxed{v_x = v \cdot \cos\gamma} \ (\text{m/s}) \ \dots\dots\dots\dots\dots \ (65)$$

Aufgabe 132: Ein Jagdflugzeug startet aus einem Flugplatz heraus, der ringsum von Bergen eingeschlossen ist. Die höchsten Erhebungen betragen 2000 m über der Flugplatzebene und liegen 10 km vom Mittelpunkt des Platzes entfernt. Das Flugzeug hat eine höchste Steiggeschwindigkeit in Boden-

nähe: $w_{max} = 24$ m/s bei einer Fluggeschwindigkeit $v = 380$ km/h.
Bei einer Bahngeschwindigkeit von 400 km/h beträgt die
Steiggeschwindigkeit nur noch 18 m/s.

Welchen dieser beiden Flugzustände wird der Pilot wählen,
wenn er in kurvenlosem Fluge möglichst rasch einen Gegner
einholen will, der in Startrichtung den Flugplatz überfliegt?

Lösung: Um die umliegenden Berge zu überfliegen, muß
der Steigwinkel mindestens betragen:

$$\text{tg}\,\gamma = \frac{z}{x} = \frac{2000}{10\,000} = 0{,}2; \quad \gamma = 11^0\,20'.$$

Bei dem Flugzustand mit höchster Steiggeschwindigkeit,
jedoch geringerer Bahngeschwindigkeit hält das Flugzeug als
Steigwinkel ein ($v = 380$ km/h $= 105{,}5$ m/s):

$$\sin\gamma = \frac{w}{v} = \frac{24}{105{,}5} = 0{,}228; \quad \gamma = \underline{13^0}.$$

Die zugehörige Vorwärtsgeschwindigkeit in horizontaler
Richtung ist

$$v_x = v \cdot \cos\gamma = 380 \cdot 0{,}974 = 370 \text{ km/h}.$$

Um den Gegner möglichst rasch einzuholen, wäre natür-
lich der Flugzustand mit $v = 400$ km/h geeigneter. Deshalb
wird auch dafür der Steigwinkel nachgeprüft ($v = 400$ km/h
$= 111$ m/s):

$$\sin\gamma = \frac{w}{v} = \frac{18}{111} = 0{,}162; \quad \gamma = 9^0\,12'.$$

Man sieht, daß dieser Steigwinkel nicht ausreichen würde,
um ohne Kurvenflug mit Sicherheit die umliegenden Berge zu
überfliegen. Wahrscheinlich liegt der günstigste Steigwinkel
mit einer Bahngeschwindigkeit von etwa 390 km/h zwischen
diesen beiden Flugzuständen.

Aufgabe 133: Mit einem Flugzeug von 1600 kg Fluggewicht und einer Flächenbelastung $G/F_{Tr} = 80$ kg/m² werden
Steigflugmessungen durchgeführt.

Bei einem Steigflug werden folgende Ablesungen vorgenommen:

am Staudruckmesser: $q = 270$ kg/m²,
am Höhenmesser: $z = 1500$ m,
am Variometer: $w = 8{,}7$ m/s.

Außerdem zeigt die Schubmeßnabe an der Luftschraubenwelle einen Schub $S = 430$ kg an. Wie groß ist der Beiwert des Gesamtwiderstandes?

c) Gipfelhöhe.

$$\boxed{w_g = 0} \quad \text{(m/s)} \quad \dots \dots \dots \dots \dots \dots \quad (66)$$

w_g = Steiggeschwindigkeit in Gipfelhöhe.

$$\boxed{w_{Dg} = 0.5} \quad \text{(m/s)} \quad \dots \dots \dots \dots \dots \dots \quad (66a)$$

w_{Dg} = Steiggeschwindigkeit in Dienstgipfelhöhe (m/s).

Für normale Bodenmotoren gilt:

$$\boxed{z_g = f\left(v_g \cdot \sqrt{8 \cdot \varrho_g}\right)} \quad \text{(m)} \quad \dots \dots \dots \dots \quad (67)$$

z_g = Gipfelhöhe.

Die Höhe z ist als Funktion des Wertes $v_z \cdot \sqrt{8 \cdot \varrho_z}$ in Bild 45 (Anhang S. 173) aufgetragen.

$$\boxed{v_g \cdot \sqrt{8 \cdot \varrho_g} = 4 \sqrt{\frac{G}{F_{Tr}} \cdot \frac{G}{N_0} \cdot \frac{1}{75 \cdot \eta_L} \cdot \left(\sqrt{\frac{c_{wg}^2}{c_a^3}}\right)_{\min}}} \quad \dots \dots \quad (68)$$

N_0 = Bodenleistung des Motors.

Für Höhenmotoren gilt:

$$\boxed{z_g = f\left(\gamma_g \cdot N_g^2\right)} \quad \text{(m)} \quad \dots \dots \dots \dots \dots \quad (69)$$

γ_g = Luftdichte in Gipfelhöhe (kg/m³),
N_g = Motorleistung in Gipfelhöhe (PS).

Bei Höhenmotoren ist jeweils die Kurve $z = f(\gamma_z \cdot N_z^2)$ nach Untersuchungen im Fluge oder in Höhenprüfständen bzw. nach Angabe der Lieferfirma des Motors aufzuzeichnen.

$$\boxed{\gamma_g \cdot N_g^2 = \frac{2g}{75^2} \cdot \frac{G}{F_{rr}} \cdot G^2 \cdot \frac{1}{\eta_L^2} \cdot \left(\frac{c_{wg}^2}{c_a^3}\right)_{\min}} \quad \dots \dots \dots \quad (70)$$

$g = 9{,}81$ m/s² = Erdbeschleunigung.

Aufgabe 134: Ein zweimotoriges Kleinflugzeug, das für ein höchstes Fluggewicht $G = 850$ kg zugelassen ist, erreichte eine Gipfelhöhe $z_y = 8000$ m. Mit welchem Fluggewicht konnte das Flugzeug diese Höhe erreichen?

Als Triebwerke sind zwei Zündapp-Motoren mit einer Bodenleistung $N_0 = 50$ PS eingebaut. Der Luftschraubenwirkungsgrad wird auf $\eta_L = 0{,}75$ geschätzt. $F_{Tr} = 17{,}5$ m². $\lambda = 1 : 8$. Profil NACA 23012 (s. Anhang S. 151). $c_{ws} = 0{,}0170$.

Lösung: Aus den Meßergebnissen wird unter Berücksichtigung des wahren Seitenverhältnisses $\lambda = 0{,}125$ die maximale Steigzahl berechnet. (Die Meßergebnisse beziehen sich auf $\lambda = 0$!)

c_a	c_{wp}	$c_a{}^2$	$c_{wi} = \dfrac{c_a{}^2}{\pi} \cdot \lambda$	c_{wTr}	c_{wg}	$c_{wg}{}^2$	$c_a{}^3$	$\dfrac{c_a{}^3}{c_{wg}{}^2}$
1,0	0,0122	1,0	0,0398	0,0520	0,0690	0,00477	1,0	209,5
1,2	0,0140	1,44	0,0573	0,0713	0,0883	0,00782	1,728	221
1,3	0,0154	1,69	0,0674	0,0828	0,0998	0,00999	2,197	220

Aus Bild 45 S. 173 ergibt sich zur Höhe $z = 8000$ gehörend ein Wert $v_g \sqrt{8 \cdot \varrho_g} = 0{,}215$; die Bodenleistung der Motoren beträgt $N_0 = 100$ PS. Formel 64 wird nach G aufgelöst:

$$G = \sqrt[3]{F_{Tr} \cdot (v_g \cdot \sqrt{8 \cdot \varrho_g})^2 \cdot \frac{1}{16} \cdot N_0{}^2 \cdot 75^2 \cdot \eta_L{}^2 \cdot \left(\frac{c_a{}^3}{c_{wg}{}^2}\right)_{max}}$$

$$G = \sqrt[3]{17{,}5 \cdot 0{,}215^2 \cdot \frac{1}{16} \cdot 100^2 \cdot 75^2 \cdot 0{,}75^2 \cdot 221} = \sqrt[3]{0{,}358 \cdot 10^9}$$

$$G = 709 \text{ kg}.$$

Das Startgewicht kann etwas höher liegen, da bis zum Erreichen der Gipfelhöhe ein Teil des Brennstoffvorrates verbraucht wird.

Aufgabe 135: Ein Höhenverkehrsflugzeug von 22 t Fluggewicht soll eine Gipfelhöhe von 10000 m erreichen. Die Tragfläche beträgt $F_{Tr} = 139$ m² bei einem Seitenverhältnis $\lambda = 1 : 7$. Spannweite $b = 31{,}2$ m. Es sind vier Motoren mit Höhenlader vorgesehen.

Welche Motorleistung N_g muß ein Motor aufweisen, wenn der Luftschraubenwirkungsgrad $\eta_L = 0{,}7$ geschätzt wird? Der Beiwert des schädlichen Widerstandes $c_{ws} = 0{,}02$. Als Flügelprofil wird NACA 23012 verwendet (s. Anhang S. 151).

Aufgabe 136: Welche Gipfelhöhe kann das Muskelkraftflugzeug Haeßler-Villinger (s. Aufgabe 94 und 116) erreichen,
wenn eine Dauerleistung von 1,1 PS möglich wäre, und der
Luftschraubenwirkungsgrad zu $\eta_L = 0,77$ angenommen wird?

Aufgabe 137: Ein zweimotoriger Bomber von 6400 kg
Fluggewicht ist mit zwei Höhenflugmotoren DB 600 ausgerüstet. Ihre erhöhte Dauerleistung (30-min-Leistung) in Abhängigkeit von der Höhe zeigt Bild 18.

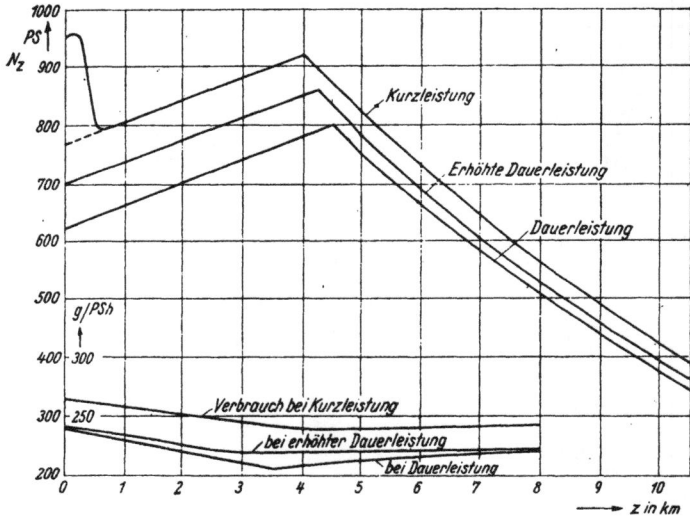

Bild 18.

Die Flächenbelastung beträgt 116 kg/m². Seitenverhältnis
der Tragfläche $\lambda = 1:6$. Profil M6 (s. Anhang S. 153). $c_{ws} = 0,012$.

a) Welche höchste Waagerechtgeschwindigkeit erreicht
der Bomber bei erhöhter Dauerleistung in Bodennähe mit
$\eta_L = 0,8$?

b) Welche höchste Waagerechtgeschwindigkeit wird in
3500 m Höhe bei 30-min-Leistung und $\eta_L = 0,79$ erreicht?

c) Welche höchste Waagerechtgeschwindigkeit ist in
5000 m Höhe bei 30-min-Leistung und $\eta_L = 0,78$ möglich?

d) Wie groß ist die maximale Steiggeschwindigkeit in Bodennähe bei einer Startleistung des Motors von 950 PS und $\eta_L = 0{,}75$?

e) Welche Gipfelhöhe kann der Bomber bei erhöhter Dauerleistung erreichen?

d) Steigzeit.

$$\boxed{t = \int_0^z \frac{1}{w} \cdot dz} \quad \text{(s)} \quad . \quad . \quad . \quad . \quad . \quad . \quad . \quad . \quad . \quad . \quad . \quad . \quad \text{(71)}$$

$$\boxed{t \sim \Sigma \frac{\Delta z}{w_m}} \quad \text{(s)} \quad . \quad . \quad . \quad . \quad . \quad . \quad . \quad . \quad . \quad . \quad . \quad \text{(71 a)}$$

$t =$ Steigzeit bis zur Höhe z,
$z =$ Höhe (m),
$w =$ Steiggeschwindigkeit (m/s)
$\Delta z =$ Höhenunterschied (m),
$w_m =$ zu dem Höhenunterschied Δz gehörige mittlere Steiggeschwindigkeit.

Aufgabe 138: Welche mittlere Steiggeschwindigkeit w_m ist erforderlich, um eine Höhe von 1000 m in 50 s zu erreichen?

Lösung:

$$w_m = \frac{\Delta z}{t} = \frac{1000}{50} = 20 \text{ m/s.}$$

Aufgabe 139: Ein Flugzeug erreicht eine Dienstgipfelhöhe ($w_{Dg} = 0{,}5$ m/s) $z_{Dg} = 7650$ m. In den verschiedenen Höhen z werden folgende höchste Steiggeschwindigkeiten gemessen:

In   0   m Höhe: $w_{max} = 10{,}6$ m/s $\dfrac{1}{w_{max}} = 0{,}0943$

» 1000 »   »   » $= 8{,}1$ »   » $= 0{,}1237$

» 3000 »   »   » $= 5{,}6$ »   » $= 0{,}1795$

» 5000 »   »   » $= 3{,}3$ »   » $= 0{,}303$

» 7000 »   »   » $= 1{,}2$ »   » $= 0{,}835$

» 7650 »   »   » $= 0{,}5$ »   » $= 2{,}0.$

Welche Steigzeit ist vom Boden (0 m Höhe) bis zum Erreichen der Dienstgipfelhöhe erforderlich?

Lösung: Man bildet die Werte $\dfrac{1}{w_{max}}$ (s. oben) und zeichnet sie als Funktion der Höhe auf (s. Bild 19).

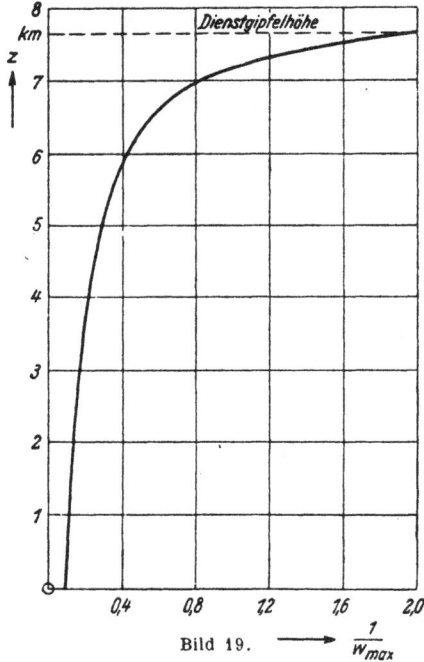

Bild 19. $\longrightarrow \dfrac{1}{w_{max}}$

Der Inhalt der Fläche unter der Kurve, die durch Null-achse und Dienstgipfelhöhe begrenzt wird, stellt das Integral der Formel 71 dar.

Durch Planimetrieren oder Auszählen des Flächeninhaltes ergibt sich unter Berücksichtigung der Maßstäbe:

$$t = 44 \text{ min } 32 \text{ s.}$$

Aufgabe 140: Ein Kleinflugzeug, das in Bodennähe eine maximale Steiggeschwindigkeit $w_{max} = 2,145$ m/s erreicht,

in 1000 m Höhe: » $= 1,7$ m/s,
» 2000 » » » $= 1,17$ »
» 3000 » » » $= 0,795$ »
» 4000 » » » $= 0,400$ »

wird praktisch die Höhe 4000 m nicht überschreiten können.

Welche Zeit benötigt das Flugzeug, um diese Höhe zu erreichen?

Aufgabe 141: Welche Steigzeit benötigt der zweimotorige Bomber, der in Aufgabe 137 beschrieben, und dessen Gipfelhöhe dort berechnet wurde, um seine Dienstgipfelhöhe zu erreichen? Dazu soll die Annahme getroffen werden, daß die Steiggeschwindigkeit von w_{max} in Bodennähe bis auf Null in Gipfelhöhe geradlinig abnimmt.

e) Start.

$$\boxed{s = (s_1 + s_2) < 600 \text{ m}} \quad \text{(m)} \quad \ldots \ldots \ldots \ldots \quad (72)$$

s = Startstrecke. (Nach deutscher Vorschrift darf s die Länge von 600 m nicht überschreiten.)

s_1 = Rollstrecke,

s_2 = Anstiegstrecke bis zum Überfliegen eines 20 m hohen Hindernisses.

$$\boxed{s_1 = \frac{G^2}{g \cdot \varrho_0 \cdot F_{Tr} \cdot c_a \cdot (S_0 - \mu \cdot G)}} \quad \text{(m)} \quad \ldots \ldots \ldots \quad (73)$$

G = Abfluggewicht (kg),

g = 9,81 m/s² = Erdbeschleunigung,

$\varrho_0 = \dfrac{1}{8}$ = Luftdichte am Boden (kg s²/m⁴),

c_a = Auftriebsbeiwert beim Abheben, annähernd zur besten Steigzahl $(c_a^3/c_{wg}^2)_{max}$ gehörig,

S_0 = Standschub der Luftschrauben (kg),

μ = Bodenreibungskoeffizient (0,03 bis 0,1).

$$\boxed{S_0 = 4 \cdot N \sqrt[3]{\frac{F_{Tr}}{N}}} \quad \text{(kg)} \quad \ldots \ldots \ldots \ldots \quad (74)$$

N = Motorvolleistung in Bodennähe (PS).

Näherungsformel für die Rollstrecke:

$$\boxed{s_1 = \frac{G^2 \cdot v_h}{N \cdot \eta_L \cdot F_{Tr} \cdot 100 \, c_a}} \quad \text{(m)} \quad \ldots \ldots \ldots \ldots \quad (75)$$

v_h = höchste Waagerechtgeschwindigkeit (s. Abschnitt 10 a, Formel 51, S. 68),

N = Motorvolleistung (PS),

η_L = zugehöriger Luftschraubenwirkungsgrad,

c_a = Auftriebsbeiwert beim Abheben (bei bester Steigzahl).

Näherungsformel für die Anstiegstrecke:

$$s_2 = \frac{h}{\mathrm{tg}\,\gamma} = \frac{20}{\mathrm{tg}\,\gamma} \sim \frac{h \cdot v}{w} \sim \frac{20 \cdot v}{w} \quad \text{(m)} \quad \ldots \ldots \quad (76)$$

$h = 20$ m = Höhe des zu überfliegenden Hindernisses,
γ = Steigwinkel nach dem Abheben = γ_{max} (Winkelgrad),
v = Fluggeschwindigkeit nach dem Abheben (m/s),
w = Steiggeschwindigkeit nach dem Abheben (m/s).

Aufgabe 142: Ein Flugzeug soll von einer Betonbahn zu einem Langstreckenflug starten. Insgesamt stehen 2 km Strecke für den Startweg zur Verfügung.

Das Flugzeug hat ein normales Fluggewicht von 4500 kg bei 50 m² Tragfläche. Für diesen Start jedoch soll das Flugzeug ohne Rücksicht auf die Festigkeit mit Betriebsstoff so überladen werden, daß der Start gerade noch möglich ist. Als Triebwerk dient ein Motor mit der Leistung $N_0 = 740$ PS. Der Luftschraubendurchmesser D beträgt 3,8 m.

Der Tragflügel hat das Seitenverhältnis $\lambda = 1 : 9,5$ und besitzt das Profil NACA 2416 (s. Abschnitt 7b, S. 42, Bild 16). $c_{ws} = 0,0180$. Für die Betonbahn kann als Reibungskoeffizient $\mu = 0,03$ angenommen werden.

Mit welchem Startgewicht kann gerade noch mit 2 km Startlänge gerechnet werden?

Lösung: Die Startstrecke soll als Gesamtstrecke nach Formel 73 ermittelt werden. Dazu wird der Auftriebsbeiwert c_a benötigt, der zur besten Steigzahl gehört. Also muß zunächst, diese ermittelt werden. Zur Umrechnung der Meßergebnisse, die sich auf $\lambda_1 = 1 : 4$ beziehen, auf das vorliegende Seitenverhältnis $\lambda_2 = 0,105$ dienen folgende Beziehungen:

$$c_{w\,Tr_2} = c_{w\,Tr_1} - \Delta c_w = c_{w\,Tr_1} - \frac{c_a{}^2}{\pi}(\lambda_1 - \lambda_2)$$

$$c_{w\,Tr_2} = c_{w\,Tr_1} - \frac{c_a{}^2}{\pi}(0,25 - 0,105) = \underline{c_{w\,Tr_1} - 0,0462\,c_a{}^2}.$$

c_a	$c_{w\,Tr_1}$	$c_a{}^2$	Δc_w	$c_{w\,Tr_2}$	c_{wg}	$c_{wg}{}^2$	$c_a{}^3$	$\dfrac{c_a{}^3}{c_{wg}{}^2}$
0,663	0,0520	0,44	0,0203	0,0317	0,0497	0,00248	0,292	117,5
0,846	0,0782	0,718	0,0332	0,0450	0,0630	0,00398	0,608	153
1,005	0,1070	1,01	0,0465	0,0605	0,0785	0,00618	1,017	**164,5**
1,147	0,1790	1,32	0,0610	0,1180	0,1360	0,01855	1,515	82

Zur besten Steigzahl gehört $c_a = 1,005$.

Nach Formel 74 wird nunmehr der Standschub berechnet:

$$S_0 = 4 \cdot N \sqrt[3]{\frac{F_{Tr}}{N}}$$

$$S_0 = 4 \cdot 740 \cdot \sqrt[3]{\frac{50}{740}} = 2960 \cdot 0{,}407 = \underline{\mathbf{1200}} \text{ kg.}$$

Formel 73 muß nach G aufgelöst werden. G stellt die Wurzel einer quadratischen Gleichung dar. Zur Vereinfachung werde $s \cdot \varrho \cdot g \cdot F_{Tr} \cdot c_a = k$ gesetzt. Dann lautet die Wurzel der Gleichung:

$$G = -\frac{k \cdot \mu}{2} \pm \sqrt{\left(\frac{k \cdot \mu}{2}\right)^2 + k \cdot S_0}$$

$$k = 2000 \cdot \frac{1}{8} \cdot 9{,}81 \cdot 50 \cdot 1{,}005 = 123\,500$$

$$G = -\frac{123\,500 \cdot 0{,}03}{2} \pm \sqrt{\left(\frac{123\,500 \cdot 0{,}03}{2}\right)^2 + 123\,500 \cdot 1200}$$

$$G = -1850 \pm 12\,300$$

$G = \underline{\mathbf{10\,450}}$ kg. (Die negative Wurzel entfällt.)

Das Flugzeug könnte demnach mit 5950 kg Übergewicht starten.

Aufgabe 143: Wie lang muß in der vorigen Aufgabe die Betonbahn, d. h. die Rollstrecke, sein?

Nach welcher Strecke vom Abheben aus gerechnet kann das 20-m-Hindernis überflogen werden?

Aufgabe 144: a) Ein Flugzeug mit einer Flächenbelastung $G/F_{Tr} = 95$ kg/m² erreicht eine höchste Waagerechtgeschwindigkeit von 400 km/h. Bei welchem Auftriebsbeiwert fliegt das Flugzeug dabei?

b) Das gleiche Flugzeug, dessen Fluggewicht 2000 kg beträgt, besitzt bei $v_h = 400$ km/h einen Gesamtwiderstand mit dem Beiwert $c_{wg} = 0{,}028$. Welche Motorleistung N_{max} ist erforderlich, um diese Geschwindigkeit zu erreichen, wenn $\eta_l = 0{,}76$ geschätzt wird?

c) Welche höchste Waagerechtgeschwindigkeit v'_h erreicht dieses Flugzeug in 5000 m Höhe, wenn ein normaler Bodenmotor Verwendung findet, $\eta_L = 0{,}73$ geschätzt wird und der gleiche Gesamtwiderstandsbeiwert herrscht als beim Waagerechtflug in Bodennähe?

   d) **Am** Boden erreicht das Flugzeug eine höchste Steiggeschwindigkeit $w_{max} = 7$ m/s. Die Dienstgipfelhöhe beträgt 7000 m.

Welche Steigzeit vom Boden bis zur Dienstgipfelhöhe ist erforderlich, wenn angenommen wird, daß die höchsten Steiggeschwindigkeiten mit der Höhe geradlinig abnehmen?

e) Welche Länge hat die Anstiegstrecke s_2 beim Start, wenn das Flugzeug mit einer Bahngeschwindigkeit $v = 110$ km/h und einer Steiggeschwindigkeit $w_{max} = 7$ m/s abhebt?

Wie groß darf dann die Rollstrecke s_1 höchstens werden?

Aufgabe 145: Ein Flugzeug mit normalem Bodenmotor, das in 0 m Höhe eine Rollstrecke von 500 m benötigt, um zu starten, soll in einem Gebirgsland eingesetzt werden, dessen Flugplätze durchschnittlich 2000 m hoch liegen.

Ist der Start nach den deutschen Bedingungen dort noch ausführbar? (Vergleichsformel soll Formel 75, S. 87 sein!)

III. Belastungsfälle.

12. Begriff der Sicherheit.

a) Das Lastvielfache.

$$\boxed{n = \frac{P}{G}} \quad \dots \dots \dots \dots \dots \dots \dots \dots \quad (77)$$

n = Lastvielfaches,
P = Gesamtluftkraft am Flugzeug (kg),
G = Fluggewicht (kg).

$$\boxed{P = P_{Tr} + P_H} \text{ (kg)} \dots \dots \dots \dots \dots \dots \quad (78)$$

P_{Tr} = Luftkraft am Tragwerk (kg),
P_H = Luftkraft am Höhenleitwerk (kg).

$$\boxed{n_{Tr} = \frac{P_{Tr}}{G}} \quad \dots \dots \dots \dots \dots \dots \dots \quad (79)$$

n_{Tr} = Tragwerklastvielfaches.

$$\boxed{n = n_{Tr} + \frac{P_H}{G}} \quad \dots \dots \dots \dots \dots \dots \quad (80)$$

$$\boxed{n = \frac{b}{g}} \quad \dots \dots \dots \dots \dots \dots \dots \dots \quad (81)$$

b = Beschleunigung, die die Gesamtluftkraft P der Flugzeugmasse erteilt,
g = 9,81 m/s² = Erdbeschleunigung.

Aufgabe 146: Eine plötzliche Bö ruft an der Tragfläche eines Verkehrsflugzeuges, das ein Fluggewicht $G = 5500$ kg besitzt, eine Luftkraft $P = 26000$ kg hervor, die zur augenblicklichen Flugbahn um 5 Grad nach hinten geneigt so an-

greift, daß ihre Wirkungslinie durch den Flugzeugschwerpunkt geht (Bild 20).

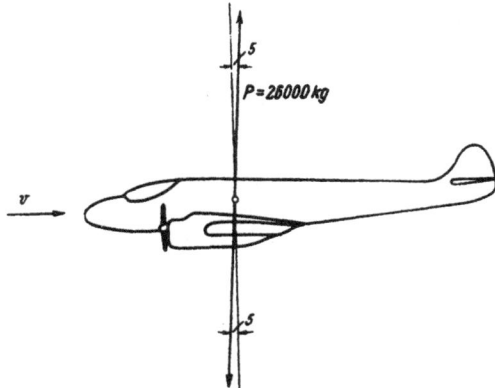

Bild 20.

Welche Kraft (in welcher Richtung wirkend) ist nötig,
um einen Gleichgewichtszustand herzustellen?

Lösung: Die freie Kraft P würde eine Beschleunigung der
Flugzeugmasse in Richtung der Kraft P zur Folge haben:

$$b = \frac{P}{m}\ \text{m/s}^2.$$

Die Masse m errechnet sich aus dem Gewicht:

$$m = \frac{G}{g}\ \text{kg s}^2/\text{m}.$$

Die Beschleunigung wird also

$$b = \frac{P}{G} \cdot g = n \cdot g.\quad \text{(Siehe Formel 77.)}$$

Die das Gleichgewicht herstellende Massenkraft hat daher
die Größe:

$$P = m \cdot b = \frac{G}{g} \cdot n \cdot g = n \cdot G.$$

Der Gleichgewichtszustand wird also dadurch hergestellt,
daß der Luftkraft P eine Massenkraft P in entgegengesetzter

Richtung entgegenwirkt, die eine Vervielfachung des Fluggewichtes darstellt. Im vorliegenden Falle wird

$$n = \frac{P}{G} = \frac{26\,000}{5500} = \mathbf{4{,}73}.$$

Aufgabe 147: Welche Beschleunigung wirkt an der Masse
eines Flugzeuges von 900 kg Fluggewicht, dessen Tragwerk beim
Abfangen durch ein Lastvielfaches $n_{r.} = 6{,}5$ beansprucht
wird, während zur Erhaltung des Längsgleichgewichtes eine
Kraft $P_{_{II}} = -65$ kg am Höhenruder durch Ruderausschlag
nach oben erzeugt werden muß?

b) Die Sicherheitszahl.

$$\boxed{j = \frac{n_{Br}}{n_{si}}} \quad \ldots \ldots \ldots \ldots \ldots \ldots \ldots \ldots \quad (82)$$

$j =$ Sicherheitszahl,
$n_{Br} =$ Bruchlastvielfaches,
$n_{si} =$ sicheres Lastvielfaches.

Erforderliche Mindestsicherheiten:

$j_{erf} = 1{,}8$ gegenüber einer Belastung, bei der die Tragfähigkeit der Konstruktion gerade erschöpft ist.

$j_{erf} = 1{,}35$ gegenüber einer Belastung, die entweder 75%
der Bruchspannung oder die Streckgrenze (0,2-
Grenze) in den Konstruktionsgliedern erzeugt.

$j_{erf} = 1{,}35$ gegenüber häufig sich ändernden Lasten, die
einen Dauerbruch erzeugen.

Aufgabe 148: Für ein Flugzeug ist auf Grund seines Ver-
wendungszweckes und seiner Flugleistungen ein sicheres Lastvielfaches $n = 4$ vorgeschrieben. Die Verteilung der dadurch
auftretenden Luftkräfte und ihre Weiterleitung durch die tragenden Bauglieder ergibt in einem Beschlagteil aus St. C. 45.61
eine vorhandene Spannung $\sigma = 3100$ kg/cm². Ist diese Spannung zulässig oder liegt sie bereits über σ_{si}?

St. C. 45.61 hat eine zulässige Bruchspannung $\sigma_z =$
6000 kg/cm² und eine Streckgrenze $\sigma_{0{,}2} = 3700$ kg/cm².

Lösung: Die Bauvorschriften für Flugzeuge schreiben in
§ 1008 vor, daß bei 1,35fach sicherer Belastung die niedrigste

der folgenden Beanspruchungsgrenzen gerade erreicht werden darf:

a) 75% der Bruchspannung oder
b) die Streckgrenze bzw. die 0,2-Grenze.

In der vorliegenden Aufgabe betragen 75% der Bruchspannung: 4500 kg/cm². Damit ergibt sich als zulässige sichere Spannung:

$$\frac{4500}{j} = \frac{4500}{1,35} = 3340 \text{ kg/cm}^2.$$

Nach Forderung a) wäre die Materialspannung also zulässig, da 3340 > 3100 kg/cm².

Die Nachprüfung der Sicherheit gegenüber der Streckgrenze jedoch ergibt:

$$\frac{\sigma_{0,2}}{j} = \frac{3700}{1,35} = \underline{\mathbf{2740}} \text{ kg/cm}^2 = \sigma_{si}.$$

Das bedeutet, daß die sichere zulässige Spannung unter der vorhandenen Spannung $\sigma_{vorh} = 3100$ kg/cm² liegt, die geforderte Sicherheit also nicht gewährleistet ist.

Aufgabe 149: Beim sicheren Belastungszustand eines Flugzeuges erhalte ein Stab von rechteckigem Querschnitt $F = 12$ cm² und einem Schlankheitsgrad $\lambda = 40$ eine Druckkraft $P_{si} = 2400$ kg.

Werkstoff: Kiefer mit Zug-Bruchspannung $\sigma_z = 900$ kg/cm²,
                  Druck- » $\sigma_p = 450$ »

Die Knickspannung beträgt für das vorliegende Schlankheitsverhältnis nach Natalis: $\sigma_k = 340$ kg/cm².

Entspricht dieser Stab den Sicherheitsforderungen der Bauvorschriften für Flugzeuge (Fassung vom Dez. 1936, §§1008 und 1009), die besagen, daß bis zum Erreichen von 75% der Bruchspannung ein Sicherheitsfaktor $j = 1,35$ und bis zu der Beanspruchung, bei der die Konstruktion ihre Tragfähigkeit verliert, eine Sicherheitszahl $j = 1,8$ vorhanden sein muß? (Eine Streckgrenze ist bei Holz nicht vorhanden.)

Aufgabe 150: Welche größte Beschleunigung kann ein vollkunstflugtaugliches Flugzeug, dessen Berechnung ein sicheres Lastvielfaches $n = 7$ zugrunde liegt, aushalten, bevor es zu Bruch geht?

13. Lastfall 100. Sturzflug.

$$\boxed{c_a = 0} \quad \dots \dots \dots \dots \dots \dots \dots \quad (83)$$

$c_a =$ Gesamtauftriebsbeiwert. ($c_{a\,Tr}$ kann verschieden von Null sein, wenn am Höhenleitwerk eine größere Kraft $P_{_H}$ zur Erhaltung des Längsgleichgewichtes erforderlich ist.)

Für Beanspruchungsgruppe 2 gilt:

$$\boxed{\bar{q} = q_h + 200,\ \text{aber} > 2{,}25\,q_h} \ (\text{kg/m}^2) \ \dots \dots \ (84)$$

$\bar{q} =$ maßgebender Sturzflugstaudruck, mit Rücksicht auf die niedere Beanspruchungsgruppe beschränkt, also kleiner als der Endstaudruck q_{end},

$q_h =$ höchster Waagerechtstaudruck in Bodennähe (kg/m^2) (s. Abschnitt 10a, Formel 51, S. 68, oder aus ausführlicher Leistungsberechnung).

Für Beanspruchungsgruppe 3 gilt:

$$\boxed{\bar{q} = q_h + 250,\ \text{aber} \geq 2{,}25\,q_h} \ (\text{kg/m}^2) \ \dots \dots \ (85)$$

Für Beanspruchungsgruppe 4 gilt:

$$\boxed{\bar{q} = q_h + 400,\ \text{aber} \geq 2{,}25\,q_h} \ (\text{kg/m}^2) \ \dots \dots \ (86)$$

Für Beanspruchungsgruppe 5 gilt:

$$\boxed{\bar{q} = q_{end} = \frac{G/F_{Tr}}{c_{wg}}} \ (\text{kg/m}^2) \ \dots \dots \dots \ (87)$$

$q_{end} =$ Sturzflugendstaudruck (s. Abschnitt 9c, S. 62). Außer dem Luftschraubenwiderstand ist der Widerstand sich selbsttätig öffnender Bremsklappen zu berücksichtigen.

Aufgabe 151: Ein Schnellverkehrsflugzeug mit einem Fluggewicht $G = 2200$ kg und einer Tragfläche $F_{Tr} = 38{,}5$ m^2 erreicht eine höchste Waagerechtgeschwindigkeit $v_h = 350$ km/h und soll nach Beanspruchungsgruppe 4 als genügend sicher im Sturzflug nachgewiesen werden.

Der Widerstandsbeiwert des Tragflügels beträgt $c_{wTr} = 0{,}012$. Der Beiwert des schädlichen Widerstandes $c_{ws} = 0{,}016$.

Welcher Staudruck $\bar{q}$ ist für die Festigkeitsberechnung maßgebend? Der Widerstandsbeiwert der Luftschraube bei auf
Leerlauf gedrosseltem Motor beträgt: $c_{wL} = 0,012$.

Lösung: Nach Formel 86 gilt für Beanspruchungsgruppe 4:
$\bar{q} = q_h + 400$, aber $\geq 2,25\, q_h$. Es muß also zunächst aus
der höchsten Waagerechtgeschwindigkeit der Staudruck q_h ermittelt werden ($v_h = 350$ km/h $= 97,2$ m/s):

$$q_h = \frac{v_h^2}{16} = \frac{97,2^2}{16} = 581 \text{ kg/m}^2.$$

Damit wird $\bar{q} = 581 + 400 = 981$, aber $2,25 \cdot 581$ ergibt
1310 kg/m², also den höheren und damit maßgebenden Wert.

$$\bar{q} = 1310 \text{ kg/m}^2.$$

Es muß jedoch außerdem nachgeprüft werden, ob nicht
der Sturzflugendstaudruck unter diesem Wert liegt und damit maßgebend wird:

$$q_{\text{end}} = \frac{G/F_{Tr}}{c_{wg}} = \frac{G/F_{Tr}}{c_{wTr} + c_{ws} + c_{wL}}$$

$$q_{\text{end}} = \frac{2200/38,5}{0,012 + 0,016 + 0,012} = \frac{57,1}{0,040} = \underline{1430 \text{ kg/m}^2}.$$

Dieser Wert liegt über $\bar{q}$, wird also nicht maßgebend!

Aufgabe 152: Es wird angenommen, daß die Festigkeit des
in der Aufgabe 151 beschriebenen Flugzeuges nicht ausreicht,
um einen maßgebenden Sturzflugstaudruck $\bar{q} = 1310$ kg/m² zu
ertragen. Durch Einbau sich selbsttätig öffnender Bremsklappen (sog. Sturzflugbremsen) soll der Gesamtwiderstand
W_g so erhöht werden, daß auch für Beanspruchungsgruppe 4
ein Endstaudruck, und zwar in der Größe von 1200 kg/m² maßgebend wird. Um wieviel Prozent muß W_g erhöht werden?

Aufgabe 153: Welche Kraft P_H muß am Höhenleitwerk
wirken, um bei dem Flugzeug der Aufgabe 151 im Lastfall
100 bei $\bar{q} = 1310$ kg/m² und einem Hebelarm $l_H = 6$ m
Längsgleichgewicht herzustellen? Der Momentenbeiwert bei
$c_a = 0$ betrage $c_{m_0} = 0,03$. Die mittlere Flügeltiefe $t_m = 2,4$ m.

Aufgabe 154: Ein Flugzeug der Beanspruchungsgruppe 4
liegt mit seinem Sturzflugendstaudruck an der niedrigsten

Grenze des nach den Bauvorschriften für Flugzeuge geforderten maßgebenden Staudruckes $\bar{q}$. Die höchste Waagerechtgeschwindigkeit $v_h = 450$ km/h wird bei einem $c_a = 0,15$ erreicht. $\lambda = 1 : 5$. Profil Gö 676 (s. Anhang S. 158). $c_{wL} = 0,011$.

a) Wie hoch ist die Flächenbelastung?

b) Wie groß müßte der Gesamtwiderstandsbeiwert c_{wg} sein, wenn $\bar{q}$ Endstaudruck wäre?

c) Wie groß ist der Beiwert des schädlichen Widerstandes c_{ws}?

d) Welcher Höchstauftriebsbeiwert $c_{a\,max}$ ist erforderlich, um eine Landegeschwindigkeit von 110 km/h nicht zu überschreiten? Sind dazu Landeklappen erforderlich?

Aufgabe 155: Ein Flugzeug der Beanspruchungsgruppe 5 ist für ein höchstes Fluggewicht von $G = 870$ kg zugelassen. Wenn es jedoch zweisitzig geflogen wird, erreicht es mit Ausrüstung ein Fluggewicht $G = 1150$ kg und genügt dann nur den Anforderungen der Beanspruchungsgruppe 4. Wie unterscheiden sich die beiden zu den verschiedenen Beanspruchungsgruppen gehörigen maßgebenden Sturzflugstaudrücke? Die Tragfläche beträgt $F_{Tr} = 13,5$ m². Profil Gö 617 (s. Anhang S. 157). $c_{wL} = 0,013$. $c_{ws} = 0,011$. Die höchste Waagerechtgeschwindigkeit in Bodennähe ist mit $v_h = 358$ km/h gemessen worden.

14. Lastbereich 105. Abfangen bei positiver Auftriebszahl. (Grenzfälle A und B.)

Für Beanspruchungsgruppe 2 gilt:

$$\boxed{\bar{n}_{Tr} = 1{,}8 + \frac{1000}{G_{max} + 1500}} \quad \cdots \cdots \cdots \quad (88)$$

Für Beanspruchungsgruppe 3 gilt:

$$\boxed{\bar{n}_{Tr} = 2 + \frac{2000}{G_{max} + 2000}} \quad \cdots \cdots \cdots \quad (89)$$

Für Beanspruchungsgruppe 2 und 3 gilt: $\bar{n}_{Tr}$ muß größer sein als das Tragwerklastvielfache aus dem Böenfall 115 mit $G = G_{max}$, also höchstem Fluggewicht.

Für Beanspruchungsgruppe 4 gilt:

$$\boxed{\bar{n}_{1r} = 6{,}25 - \frac{4 \cdot G_{max}/F_{Tr}}{q_h - 4\,G_{max}/F_{Tr}} \leqq 6} \quad \ldots \ldots \text{(90)}$$

Wenn der höchste Waagerechtstaudruck q_h des Flugzeuges der Beanspruchungsgruppe 4 den Wert $5{,}78 \cdot G_{max}/F_{Tr}$ unterschreitet, ist $\bar{n}_{1r}$ nicht nach Formel 90 zu berechnen, sondern gleich dem unteren Grenzwert $\bar{n}_{Tr} = 4$ zu setzen.

Für Beanspruchungsgruppe 5 gilt:

$$\boxed{\bar{n}_{Tr} = 7{,}5 - \frac{4{,}25 \cdot G_{max}/F_{1r}}{q_h - 4{,}25\,G_{max}/F_{Tr}} \leqq 7} \quad \ldots \text{(91)}$$

Wenn der höchste Waagerechtstaudruck q_h des Flugzeuges der Beanspruchungsgruppe 5 den Wert $7{,}09 \cdot G_{max}/F_{Tr}$ unterschreitet, ist $\bar{n}_{Tr}$ nicht nach Formel 91 zu berechnen, sondern gleich dem unteren Grenzwert $\bar{n}_{Tr} = 6$ zu setzen.

Grenzfall A:

$$\boxed{c_a(\text{A}) = c_{a\,max}} \quad \ldots \ldots \ldots \ldots \ldots \ldots \text{(92)}$$

$$\boxed{q(\text{A}) = \frac{n \cdot G}{c_g \cdot F_{Tr}}} \; (\text{kg/m}^2) \ldots \ldots \ldots \ldots \ldots \text{(93)}$$

$c_a(\text{A})$ = Auftriebsbeiwert im Grenzfall A,
$q(\text{A})$ = Staudruck im Grenzfall A,
$\quad\; n$ = Gesamtlastvielfaches (s. Abschnitt 12a, Formel 80, S. 91),
$\quad c_g = \sqrt{c_{a\,max}{}^2 + c_{wg}{}^2}$.

Grenzfall B:

$$\boxed{c_a(\text{B}) = \frac{n \cdot G_{max}}{q(\text{B}) \cdot F_{Tr}}} \quad \ldots \ldots \ldots \ldots \ldots \text{(94)}$$

$$\boxed{q(\text{B}) = 0{,}8\,\bar{q}} \; (\text{kg/m}^2) \ldots \ldots \ldots \ldots \ldots \text{(95)}$$

$c_a(\text{B})$ = Auftriebsbeiwert im Grenzfall B,
$q(\text{B})$ = Staudruck im Grenzfall B,
$\quad\; \bar{q}$ = maßgebender Sturzflugstaudruck (s. Abschnitt 13, Formel 84 bis 87).

Aufgabe 156: Das nachfolgend beschriebene Großflugzeug soll entweder als Frachtflugzeug nach Beanspruchungsgruppe 2 oder als Verkehrsflugzeug nach Beanspruchungsgruppe 3 Verwendung finden.

Das Fluggewicht beträgt 13,9 t, die Tragfläche $F_{Tr} = 120$ m². Um wieviel unterscheiden sich die Abfanglastvielfachen des Lastbereiches 105, wenn die Möglichkeit zunächst außer acht gelassen wird, daß der Böenfall maßgebend werden könnte?

Lösung: Für Beanspruchungsgruppe 2 ergibt sich:

$$\overline{n}_{Tr} = 1,8 + \frac{1000}{G_{max} + 1500} = 1,8 + \frac{1000}{13\,900 + 1500}$$

$$\overline{n}_{Tr} = 1,8 + 0,065 = \mathbf{1,865.}$$

Für Bgr. 3: $\overline{n}_{Tr} = 2 + \dfrac{2000}{G_{max} + 2000}$

$$\overline{n}_{Tr} = 2 + \frac{2000}{13\,900 + 2000} = 2,0126 = \underline{\mathbf{2,013.}}$$

Der Unterschied beträgt

$$\boldsymbol{\Delta n = 0,148.}$$

Aufgabe 157: Zwischen welchen Geschwindigkeitsgrenzen kann ein Flugzeug der Beanspruchungsgruppe 4 mit seinem vollen sicheren Lastvielfachen $\overline{n}_{Tr}$ abgefangen werden, wenn das Fluggewicht 3450 kg, die Tragfläche $F_{Tr} = 36,5$ m² und die Motorvolleistung $N_{max} = 750$ PS beträgt?

Luftschraubenwirkungsgrad $\eta_L = 0,8$. $c_{ws} = 0,0075$.

Das Seitenverhältnis beträgt $\lambda = 1:6$, als Profil wurde NACA 23012 (s. Anhang S. 151) verwendet.

Aufgabe 158: Ein vollkunstflugtaugliches Flugzeug kann nach seiner Festigkeitsrechnung ein sicheres Abfanglastvielfaches $\overline{n}_{Tr} = 6$ ertragen. Die Tragfläche beträgt 17 m².

Welches höchste Fluggewicht ist bei diesem Abfangzustand zulässig, wenn ein 300-PS-Motor dem Flugzeug eine höchste Waagerechtgeschwindigkeit $v_h = 325$ km/h in Bodennähe verleiht?

Aufgabe 159: Die Landegeschwindigkeit eines Flugzeuges beträgt ohne Landehilfen 115 km/h. $G = 1500$ kg, $F_{Tr} = 16,7$ m².

Wie groß wird die sichere Geschwindigkeit im Grenzfall A des Bereiches 105 für Beanspruchungsgruppe 3?

Aufgabe 160: Welches sichere Abfanglastvielfache mußte der Konstruktion des Flugschiffes Do X zugrunde gelegt werden, wenn es nach Beanspruchungsgruppe 3 (Personenbeförderung) gerechnet werden sollte? Das höchste Fluggewicht betrug 50 t. Auf den Böenfall 115 soll keine Rücksicht genommen werden.

15. Lastbereich 110. Abfangen bei negativer Auftriebszahl. (Grenzfälle D und E.)

Nur für Beanspruchungsgruppen 4 und 5!

Grenzfall D:

$$n_{Tr}(D) = \frac{Tr, \bar{n}}{2} \qquad \qquad (96)$$

$n_{Tr}(D)$ = Lastvielfaches m Grenzfall D,
$\bar{n}_{Tr}$ = maßgebendes Abfanglastvielfaches (s. Abschnitt 14, Formeln 90 und 91, S. 98).

$$q(D) = 0,8\,\bar{q} \quad \text{(kg/m²)} \qquad \qquad (97)$$

$q(D)$ = Staudruck im Grenzfall D,
$\bar{q}$ = maßgebender Sturzflugstaudruck (s. Abschnitt 13, Formeln 86 und 87, S. 95).

$$c_a(D) = -\frac{n \cdot G_{max}}{q(D) \cdot F_{Tr}} \qquad \qquad (98)$$

$c_a(D)$ = Auftriebsbeiwert im Grenzfall D.

Grenzfall E:

$$n_{Tr}(E) = \frac{\bar{n}_{Tr}}{2} \qquad \qquad (99)$$

$n_{Tr}(E)$ = Lastvielfaches im Grenzfall E.

$$\boxed{c_a\,(E) \; = c_{a\,\min}} \; \ldots \ldots \ldots \ldots \ldots \ldots \quad (100)$$

$c_a\,(E) =$ Auftriebsbeiwert im Grenzfall E,
$c_{a\,\min} =$ größter negativer Auftriebsbeiwert.

$$\boxed{q\,(E) \; = \frac{G_{\max}}{c_g\,(E)\cdot F_{Tr}}} \; (\text{kg/m}^2) \; \ldots \ldots \ldots \quad (101)$$

$c_g\,(E) = \sqrt{c_{a\,\min}{}^2 + c_{wg}{}^2}$ (immer positiv!)

Aufgabe 161: Ein Sportflugzeug mit einem höchstzulässigen Fluggewicht $G_{\max} = 900$ kg bei 15 m² Fläche erreicht nach der Flugleistungsberechnung in Bodennähe eine höchste Waagerechtgeschwindigkeit $v_h = 275$ km/h $= 76{,}4$ m/s. Der Höchstauftriebsbeiwert für das ganze Flugzeug ohne Betätigung der Landeklappen beträgt $c_{a\,\max} = 1{,}45$ und $c_{a\,\min} = -0{,}7$.
$c_{w\,Tr}$ bei $c_a = 0 = 0{,}0108$, $c_{ws} = 0{,}017$, $c_{wL} = 0{,}015$.

Es sollen die Lastbereiche 105 und 110 für eine überschlägige Entwurfsberechnung angesetzt werden, d. h. Vereinfachungen sind zulässig, wie z. B.: $c_a = c_g$; $n = n_{Tr}$. Dabei soll ein Vergleich der Ergebnisse für Beanspruchungsgruppe 4 und 5 stattfinden.

Lösung: Zunächst werden die maßgebenden Daten zusammengestellt, die die Größe des Lastvielfachen $\overline{n}_{Tr}$ beeinflussen. Es sind dies die Flächenbelastung

$$G_{\max}/F_{Tr} = \frac{900}{15} = 60 \; \text{kg/m}^2$$

und der höchste Waagerechtstaudruck

$$q_h = \frac{v_h{}^2}{16} = \frac{76{,}4^2}{16} = 365 \; \text{kg/m}^2.$$

Ansatz für Beanspruchungsgruppe 4:

Bevor die Formel 90 in Anwendung gelangt, wird nachgeprüft, ob nicht von vornherein die untere Grenze $\overline{n}_{Tr} = 4$ anzusetzen ist. Die Bedingung hierfür, daß $5{,}78 \cdot G_{\max}/F_{Tr}$ größer als q_h sein muß, ist nicht erfüllt:

$$5{,}78 \cdot G_{\max}/F_{Tr} = 347 < 365!$$

Nach Formel 90 wird

$$n_{Tr} = 6{,}25 - \frac{4 \cdot G_{\max}/F_{Tr}}{q_h - 4 \cdot G_{\max}/F_{Tr}} = 6{,}25 - \frac{4 \cdot 60}{365 - 4 \cdot 60}$$

$$\overline{n}_{Tr} = 6{,}25 - 1{,}92 = 4{,}33.$$

Bereich 105:

Grenzfall A:

$$q\,(A)\ = \frac{n \cdot G_{max}}{c_g \cdot F_{Tr}} = \frac{4{,}33 \cdot 900}{1{,}45 \cdot 15} = \mathbf{179}\,\text{kg/m}^2$$

$$c_a\,(A)\ = c_{amax} = \mathbf{1{,}45}$$

$$n_{Tr}\,(A) = \bar{n}_{Tr} = \mathbf{4{,}33.}$$

Grenzfall B: $q\,(B) = 0{,}8 \cdot \bar{q}$ (nach Formel 95).

Der maßgebende Sturzflugstaudruck $\bar{q}$ ist für Beanspruchungsgruppe 4 zu berechnen (s. Abschnitt 13, Formel 86, S. 95).

$$\bar{q} = q_h + 400 = 365 + 400 = 765 \text{ kg/m}^2.$$

Jedoch wird der Wert $2{,}25\,q_h = 821$ größer, also maßgebend, d. h.

$$\overline{\overline{q}} = \mathbf{821\,kg/m^2.}$$

Damit wird

$$q\,(B) = 0{,}8 \cdot 821 = \mathbf{657}\,\text{kg/m}^2$$

$$n_{Tr}\,(B) = \bar{n}_{Tr} = \mathbf{4{,}33.}$$

Nach Formel 94:

$$c_a\,(B) = \frac{n \cdot G_{max}}{q\,(B) \cdot F_{Tr}} = \frac{4{,}33 \cdot 60}{657} = \mathbf{0{,}396.}$$

Bereich 110:

Grenzfall D:

$$q\,(D) = 0{,}8\,\bar{q} = q\,(B) = \mathbf{657}\text{ kg/m}^2 \text{ (nach Formel 97)}$$

$$n_{Tr}\,(D) = \frac{1}{2} \cdot n_{Tr} = \frac{4{,}33}{2} = \mathbf{2{,}165} \text{ (nach Formel 96)}$$

Nach Formel 98:

$$c_a\,(D) = - \frac{n \cdot G_{max}}{q\,(D) \cdot F_{Tr}} = - \frac{2{,}165 \cdot 60}{657} = \mathbf{-0{,}198.}$$

Grenzfall E:

$$c_a\,(E) = c_{amin} = \mathbf{-0{,}7} \text{ (nach Formel 100)}$$

$$n_{Tr}\,(E) = \frac{\bar{n}_{Tr}}{2} = n_{Tr}\,(D) = \mathbf{2{,}165} \text{ (nach Formel 99).}$$

Nach Formel 101: $q\,(E) = \dfrac{n \cdot G_{max}}{c_g \cdot F_{Tr}} = \dfrac{2{,}165 \cdot 60}{0{,}7} = \mathbf{186}\text{ kg/m}^2.$

Ansatz für Beanspruchungsgruppe 5: Die Nachprüfung, ob die untere Grenze des Grundwertes $\bar{n}_{T_r}$ des Lastvielfachen gilt, ergibt:

$$7{,}09 \cdot G_{\text{max}}/F_{T_r} = 7{,}09 \cdot 60 = 425.$$

Dieser Wert ist größer als $q_h = 365$, d. h. Formel 91 braucht nicht angewendet zu werden. Als maßgebendes Abfanglastvielfaches gilt:

$$\bar{n}_{T_r} = 6.$$

Bereich 105:

Grenzfall A:

$$q\,(\text{A}) = \frac{n \cdot G_{\text{max}}}{c_g \cdot F_{T_r}} = \frac{6 \cdot 60}{1{,}45} = \mathbf{248}\ \text{kg/m}^2.$$

Grenzfall B: $q\,(\text{B}) = 0{,}8\,\bar{q}$ nach Formel 95. Der maßgebende Sturzflugstaudruck für Beanspruchungsgruppe 5 ist der Sturzflugendstaudruck q_{end}. Nach Abschnitt 9c, Formel 48, S. 62 ergibt sich:

$$q_{\text{end}} = \frac{G/F_{T_r}}{c_{wg}} = \frac{G/F_{T_r}}{c_{toT_r} + c_{tes} + c_{trL}} = \frac{60}{0{,}0108 + 0{,}017 + 0{,}015}$$

$$q_{\text{end}} = \frac{60}{0{,}0428} = \mathbf{1400}\ \text{kg/m}^2.$$

Damit wird

$$q\,(\text{B}) = 0{,}8 \cdot 1400 = \mathbf{1120}\ \text{kg/m}^2$$
$$n_{T_r}\,(\text{B}) = \bar{n}_{T_r} = 6$$
$$c_a\,(\text{B}) = \frac{n \cdot G_{\text{max}}}{q\,(\text{B}) \cdot F_{T_r}} = \frac{6 \cdot 60}{1120} = \mathbf{0{,}322}.$$

Bereich 110:

Grenzfall D:

$$q\,(\text{D}) = 0{,}8 \cdot \bar{q} = q\,(\text{B}) = \mathbf{1120}\ \text{kg/m}^2$$
$$n_{T_r}\,(\text{D}) = \frac{\bar{n}_{T_r}}{2} = \frac{6}{2} = \underline{\mathbf{3}}$$
$$c_a\,(\text{D}) = -\frac{n \cdot G_{\text{max}}}{q\,(\text{D}) \cdot F_{T_r}} = -\frac{3{,}60}{1120} = -\mathbf{0{,}161}.$$

Grenzfall E:

$$n_{T_r}\,(\text{E}) = n_{1r}\,(\text{D}) = 3$$
$$c_a\,(\text{E}) = c_{a\text{min}} = -0{,}7$$
$$q\,(\text{E}) = \frac{n \cdot G_{\text{max}}}{c_g \cdot F_{T_r}} = \frac{3 \cdot 60}{0{,}7} = \mathbf{257}\ \text{kg/m}^2.$$

Damit sind alle wichtigen Größen für den Ansatz der Abfangbereiche 105 und 110 zusammengestellt. Der Vergleich der beiden Beanspruchungsgruppen 4 und 5 ist nunmehr möglich.

Aufgabe 162: Ein Flugzeug der Beanspruchungsgruppe 5 mit 1900 kg Fluggewicht, 22 m² Flügelfläche und einem Motor mit 800 PS ($\eta_L = 0,76$) ist entworfen worden. Als Profil soll das symmetrische Gö 459 (s. Anhang S. 167) bei einem Seitenverhältnis $\lambda = 1 : 5$ des Tragflügels verwendet werden. $c_{ws} = 0,013$, $c_{wL} = 0,014$. Der größte negative Auftriebsbeiwert ist nicht gemessen worden und wird zu $c_{a\,min} = -0,7$ geschätzt. Für den Festigkeitsnachweis sollen die Lastfälle bzw. -bereiche 100, 105 und 110 angesetzt werden.

Aufgabe 163: Für ein leichtes Sportflugzeug mit 650 kg Fluggewicht und einer Flächenbelastung $G/F_{Tr} = 60$ kg/m² soll der Festigkeitsnachweis geführt werden.

Der Tragflügel hat ein Seitenverhältnis $\lambda = 1 : 9$, Profil NACA 23012 (Anhang S. 151).

Der Motor leistet bei Vollgas in Bodennähe $N = 120$ PS. Luftschraubenwirkungsgrad im Waagerechtflug $\eta_L = 0,78$. $c_{wL} = 0,011$. $c_{ws} = 0,018$.

a) Für Beanspruchungsgruppe 4 soll Fall 100 und Bereich 105 angesetzt werden.

b) Für Beanspruchungsgruppe 5 ist der Lastbereich 110 aufzustellen.

Aufgabe 164 Ein Flugzeug der Beanspruchungsgruppe 4 ist für $G = 600$ kg entworfen. Als Triebwerk soll ein 90-PS-Motor dienen. Der Luftschraubenwirkungsgrad im Waagerechtflug wird auf $\eta_L = 0,72$ geschätzt. Als Tragflügelprofil ist Gö 676 (s. Anhang S. 158) vorgesehen bei $\lambda = 1 : 8$. $c_{ws} = 0,018$. $c_{wL} = 0,014$.

a) Welche Flächenbelastung muß gewählt werden, um eine Landegeschwindigkeit von 80 km/h zu erreichen?

b) Welches Lastvielfache, welche Auftriebsbeiwerte und welche Staudrücke werden in den Grenzfällen D und E des Lastbereiches 110 erreicht?

Aufgabe 165: Das Abfangen aus dem Rückenflug bei geringer Geschwindigkeit (Grenzfall E des Bereiches 110) für ein Kunstflugzeug der Beanspruchungsgruppe 5 sei bis zu einem sicheren Lastvielfachen $n_{Tr}(E) = 3,5$ zulässig.

Wie groß wird das sichere Lastvielfache des Grenzfalles B des Bereiches 105 für dieses Flugzeug, wenn der höchste Waagerechtstaudruck q_h durch Einbau eines stärkeren Motors bei sonst unveränderten Abmaßen und Gewichten um 20% erhöht wird?

16. Lastfall 113. Hochreißen.

Nur für Beanspruchungsgruppe 2 und 3!

$$\boxed{j_{erf} = 1,2} \qquad \dots \dots \dots \dots \dots (102)$$

j_{erf} = erforderliche Sicherheit gegenüber der Beanspruchung, bei der die Tragfähigkeit der Konstruktion gerade erschöpft sein würde.

$$\boxed{c_a(113) = c_{a\,max\,d}} \qquad \dots \dots \dots \dots \dots (103)$$

$c_a(113)$ = Auftriebsbeiwert im Lastfall 113,

$c_{a\,max\,d}$ = höchste beim Hochreißen erreichbare (dynamische) Auftriebszahl, die durch Vergleiche oder Flugversuche gewonnen wird.

$$\boxed{q(113) = \frac{v(113)^2}{16}} \ (kg/m^2) \qquad \dots \dots \dots (104)$$

$q(113)$ = Staudruck im Lastfall 113,

$v(113)$ = höchste in Bodennähe bei unsichtigem Wetter zulässige Geschwindigkeit des Flugzeuges (m/s).

$$\boxed{n_{Tr}(113) = \frac{c_{a\,max\,d} \cdot q(113) \cdot F_{Tr}}{G_{max}}} \qquad \dots \dots \dots (105)$$

Aufgabe 166: Ein Verkehrsflugzeug der Beanspruchungsgruppe 3 von 7800 kg Fluggewicht und 75 m² Tragfläche soll auch bei unsichtigem Wetter eine Reisegeschwindigkeit $v_R = 300$ km/h einhalten können. Das größte Abfanglastvielfache, das der Festigkeitsrechnung zugrunde gelegt wurde, ist $\bar{n}_{Tr}$ = 3,8. Erforderlich wäre nur

$$\bar{n}_{Tr} = 2 + \frac{2000}{G_{max} + 2000} = 2 + \frac{2000}{7800 + 2000} = 2,22$$

gewesen (s. Abschnitt 14, Formel 89, S. 97).

Durch Flugversuche wird mittels eingebauter Beschleunigungsschreiber festgestellt, daß das Flugzeug beim plötzlichen Hochreißen 7 fache Erdbeschleunigung als Massenkraft auszuhalten hat.

Wie groß ist die höchste dynamische Auftriebsbeizahl $c_{a\,max\,d}$? Ist die Festigkeit des Flugzeuges ausreichend?

Lösung: Mittels q (113), dem Staudruck beim Hochreißen und dem gemessenen höchsten Lastvielfachen n_{Tr} (113) läßt sich nach Formel 105 der dynamische Höchstauftriebsbeiwert berechnen:

Zu v (113) = 300 km/h = 83,3 m/s gehört als Staudruck:

$$q\,(113) = \frac{v\,(113)^2}{16} = \frac{83,3^2}{16} = \mathbf{434\ kg/m^2}$$

$$c_{a\,max\,d} = \frac{n \cdot G'_{max}}{q\,(113) \cdot F_{Tr}} = \frac{7 \cdot 7800}{434 \cdot 75} = \mathbf{1,68.}$$

Dieser Wert ist wahrscheinlich, da der höchste dynamische Auftriebsbeiwert meist 30 bis 50% höher als das normale $c_{a\,max}$ liegt.

Um zu prüfen, ob die der Berechnung des Flugzeuges zugrunde gelegte Festigkeit ausreichend ist, müssen die Lastvielfachen auf gleiche Sicherheit umgerechnet werden. Es wird der Zustand des Bruches der Konstruktion gewählt:

$$n_{Br} \,(113) = n_{si}\,(113) \cdot j_{ert} = 7 \cdot 1,2 = 8,4$$
$$\bar{n}_{Br} \qquad = \bar{n}_{Tr} \cdot j_{ert} = 3,8 \cdot 1,8 = \mathbf{6,85.}$$

Man sieht, daß das Bruchlastvielfache des Lastfalles 113 wesentlich über dem Bruchlastvielfachen der Abfangbereiche liegt. Die rechnerische Festigkeit des Flugzeuges ist daher ungenügend!

Aufgabe 167: Ein Verkehrsflugzeug mit einem Fluggewicht G_{max} = 4500 kg und einer Flügelfläche F_{Tr} = 53 m² soll bei unsichtigem Wetter noch eine Reisegeschwindigkeit v_R =

280 km/h einhalten können. Auf Grund eingehender Vergleiche mit ähnlichen bereits ausgeführten Flugzeugmustern wird ein $c_{a\,max\,d} = 1,8$ als wahrscheinlich geschätzt. Wie groß wird das Tragwerklastvielfache im Falle 113 für die Beanspruchungsgruppe 3 bezogen auf die gleiche Sicherheit gegen Bruch der Konstruktion wie in den Abfangbereichen?

17. Lastfälle 115 und 117. Böenangriff am Tragwerk im Waagerechtflug.

$$\boxed{n_{Tr}\,(115) = 1 + \varDelta\,n_{Tr}} \qquad \ldots \ldots \ldots \ldots \ldots \quad (106)$$

$n_{Tr}\,(115) = $ Lastvielfaches im Fall 115 (Bö von unten nach oben wirkend),

$\varDelta\,n_{Tr} = $ Änderung des Lastvielfachen durch den Einfluß einer Bö, die senkrecht zur Flugrichtung wirkt.

$$\boxed{n_{Tr}\,(117) = |1 = \varDelta\,n_{Tr}|}\; \text{Absolutwert! (Immer positiv!)} \quad (107)$$

$n_{Tr}\,(117) = $ Lastvielfaches im Fall 117 (Bö von oben nach unten wirkend).

$$\boxed{\varDelta\,n_{Tr} \quad = q \cdot \frac{F_{Tr}}{G} \cdot \frac{v_b}{v} \cdot \frac{d\,c_{a\,Tr}}{d\,\alpha_{Tr\,eff}} \cdot \eta} \qquad \ldots \ldots \ldots \ldots \quad (108)$$

Bei Flugzeugen mit normalen Bodenmotoren wird $q = q_h = \frac{v_h{}^2}{16}$. Dadurch vereinfacht sich Formel 108 zu:

$$\boxed{\varDelta\,n_{Tr} \quad = \frac{v_h}{16} \cdot \frac{F_{Tr}}{G} \cdot v_b \cdot \frac{d\,c_{a\,Tr}}{d\,\alpha_{Tr\,eff}} \cdot \eta} \qquad \ldots \ldots \ldots \quad (108\,a)$$

q bzw. $v = $ der höchste Waagerechtstaudruck bzw. höchste Waagerechtgeschwindigkeit in der Höhe, in welcher das Produkt $\varrho \cdot v$ seinen Größtwert annimmt. Bei Bodenmotoren ist dies stets q_h bzw. v_h (s. Abschnitt 10a, Formel 51, S. 68). Bei Höhenmotoren wird q' bzw. v' maßgebend (s. Abschnitt 10c, Formel 53 für v_z, S. 73).

G = Fluggewicht. (Auch G_{min} = Rüstgewicht + Besatzung kann maßgebend werden. Ausschlaggebend ist die Größe des Produktes $n \cdot G$!) (kg)

v_b = 10 m/s = Böengeschwindigkeit,

$\dfrac{d\,c_{a\,T_r}}{d\,\alpha_{T_r\,\mathrm{eff}}}$ = wirksame Auftriebsneigung des Tragwerks (s. Abschnitt 7 b, Formel 23, S. 38).

η = Böenwirkungsgrad

$$\boxed{\eta = f(\varkappa)} \quad \text{(Bild 46) (Anhang, S. 174)} \ldots \ldots \ (109)$$

$\varkappa$ = Kennziffer zur Bestimmung des Böenwirkungs grades aus Bild 46 (s. a. Bauvorschriften für Flugzeuge 1936, S. 31).

$$\boxed{\varkappa = \dfrac{G/g}{\dfrac{\varrho'}{2} \cdot \dfrac{d\,c_{a\,T_r}}{d\,\alpha_{T_r\,\mathrm{eff}}} \cdot \int t^2\,dy}} \quad \ldots \ldots \ldots \ (110)$$

$g = 9,81$ m/s² = Erdbeschleunigung,

ϱ' = Luftdichte in der Höhe, in welcher das Produkt $\varrho \cdot v$ seinen Größtwert annimmt. Bei Flugzeugen mit Bodenmotoren wird $\varrho' = \varrho_0 = \dfrac{1}{8}$ kg s²/m⁴,

$\int\limits_{+\frac{b}{2}}^{-\frac{b}{2}} t^2\,dy$ = Integral der Quadrate der Flügeltiefen über die Gesamtspannweite b gerechnet.

Mit guter Näherung gilt:

$$\boxed{\int t^2\,dy \doteq F_{T_r} \cdot t_m} \ \text{(m³)} \ldots \ldots \ldots \ \ldots \ldots (110\mathrm{a})$$

t_m = mittlere Flügeltiefe.

Aufgabe 168: Für ein Kleinflugzeug von 220 kg Fluggewicht sollen die Böenfälle 115 und 117 aufgestellt werden. Folgende Daten sind bekannt: $F_{T_r} = 8,2$ m², $t_m = 1,14$ m. Profil Gö 617 bei einem Seitenverhältnis $\lambda = 0,128$. Triebwerk: 18-PS-Bodenmotor. Höchste Waagerechtgeschwindigkeit in Bodennähe: $v_h = 170$ km/h = 47,4 m/s. $q_h = 140$ kg/m².

Lösung: Zunächst wird die für beide Böenlastfälle gleiche Änderung des Lastvielfachen Δn_{T_r} berechnet (Formel 108a)

Als Vorbereitung dazu muß der Böenwirkungsgrad η und die Auftriebsneigung des Tragwerks ermittelt werden.

Das Dickenverhältnis des Profiles Gö 617 beträgt $d/t = 0,14$, d. h. 14% der Flügeltiefe ist die Profildicke. Nach Bild 42 (s. Anhang S. 170) gehört dazu ein Profilwirkungsgrad $\eta_p = 0,91$, so daß sich als Auftriebsneigung bei unendlicher Spannweite ergibt:

$$\frac{d\,c_a}{d\,\alpha_\infty} = 2 \cdot \pi \cdot \eta_p = 6,28 \cdot 0,91 = 5,7.$$

Mittels Formel 23 (Abschnitt 7b, S. 38) wird damit die effektive Auftriebsneigung berechnet:

$$\frac{d\,c_{a\,Tr}}{d\,\alpha_{Tr\,eff}} = \frac{d\,c_a/d\,\alpha_\infty}{1 + \dfrac{\lambda}{\pi} \cdot \dfrac{d\,c_a}{d\,\alpha_\infty}} = \frac{5,7}{1 + \dfrac{0,128 \cdot 5,7}{\pi}} = 4,65.$$

Zur Berechnung des Böenwirkungsgrades muß der Faktor $\varkappa$ nach Formel 110 bestimmt werden:

Nach 110a beträgt der Wert des Integrals:

$$\int t^2\,d\,y = F_{Tr} \cdot t_m = 8,2 \cdot 1,14 = 9,35.$$

Damit wird

$$\varkappa = \frac{G \cdot 2 \cdot 8}{g \cdot \dfrac{d\,c_{a\,Tr}}{d\,\alpha_{Tr\,eff}} \cdot F_{Tr} \cdot t_m} = \frac{220 \cdot 16}{9,81 \cdot 4,65 \cdot 9,35}$$

$$\varkappa = 8,11.$$

Nach Bild 46, S. 174 gehört hierzu als Böenwirkungszahl:

$$\eta = 0,65.$$

Nunmehr kann Formel 108a aufgestellt werden:

$$\Delta\,n_{Tr} = \frac{v_h}{16} \cdot \frac{F_{Tr}}{G} \cdot v_b \cdot \frac{d\,c_{a\,Tr}}{d\,\alpha_{Tr\,eff}} \cdot \eta$$

$$\Delta\,n_{Tr} = \frac{47,4}{16} \cdot \frac{8,2}{220} \cdot 10 \cdot 4,65 \cdot 0,65 = 3,34.$$

Lastfall 115: Nach Formel 106 ist

$$n_{Tr}\,(115) = 1 + \Delta\,n_{Tr} = 1 + 3,34 = \underline{\mathbf{4,34.}}$$

Dazu gehört ein

$$c_a\,(115) = \frac{n\,(115) \cdot G}{q_h \cdot F_{Tr}} = \frac{4,34 \cdot 220}{140 \cdot 8,2} = \underline{\mathbf{0,85.}}$$

Lastfall 117: Nach Formel 107 ist

$$n_{Tr}\,(117) = |1 - n_{Tr}| = |1 - 3{,}34| = \mathbf{2{,}34}.$$

Dazu gehört ein

$$c_a\,(117) = -\frac{n\,(117)\cdot G}{q_h \cdot F_{Tr}} = -\frac{2{,}34 \cdot 220}{140 \cdot 8{,}2} = -\mathbf{0{,}448}.$$

Aufgabe 169: Ein einsitziges, vollkunstflugtaugliches Übungsflugzeug besitzt ein Höchstfluggewicht $G_{max} = 900$ kg bei einer Flächenbelastung, die mit Landeklappenbetätigung und einem Höchstauftriebsbeiwert $c_{a\,max} = 2{,}1$ eine Landegeschwindigkeit $v_l = 85$ km/h ergibt.

Der Motor leistet $N_{max} = 240$ PS in Bodennähe und bei Vollgas. Der Luftschraubenwirkungsgrad dabei wird zu $\eta_l = 0{,}8$ geschätzt. Der Tragflügel hat das Profil NACA 23012 (s. Anhang S. 151) bei einem Seitenverhältnis $\lambda = 1 : 5{,}5$.

Der Beiwert des schädlichen Widerstandes ist $c_{ws} = 0{,}011$. Der Widerstandsbeiwert der Luftschraube ist $c_{wL} = 0{,}014$.

a) Welche höchste Waagerechtgeschwindigkeit v_h erreicht das Flugzeug?

b) Welches größte Abfanglastvielfache tritt auf?

c) Welchen Auftriebsbeiwert und welchen Anstellwinkel nimmt das Flugzeug im Flugzustand: Grenzfall B des Bereiches 105 ein?

d) Wie groß wird das Böenlastvielfache im Lastfall 115?

Aufgabe 170: Ein zweimotoriges Flugzeug mit 1850 kg Fluggewicht, 18,75 m² Tragfläche, einer Spannweite $b = 13$ m und Motoren zu je 280 PS Volleistung (Bodenmotoren) soll für Beanspruchungsgruppe 4 nachgewiesen werden, um auch für Schulung und Übung Verwendung zu finden.

$c_{ws} = 0{,}019$, $c_{wL} = 0{,}011$, $\eta_l = 0{,}72$ (bei Vollgasflug). Profil NACA 23012 (s. Anhang S. 151).

a) Gesucht sind die Lastvielfachen und Auftriebsbeiwerte der Lastfälle 115 und 117.

b) Wie groß wird die Gipfelhöhe ($\eta_l = 0{,}75$)?

c) Welche Widerstandserhöhung (in Prozenten von c_{ws}) ist nötig, um eine Sturzfluggeschwindigkeit $v_{end} = 600$ km/h in Bodennähe nicht zu überschreiten?

d) Welcher Sturzflugstaudruck wird für den Ansatz des Lastfalles 100 maßgebend?

Aufgabe 171: Ein Schnellflugzeug soll in 4000 m Höhe eine höchste Waagerechtgeschwindigkeit $v' = 600$ km/h erreichen. Verwendung findet ein Höhenmotor, der bis 4000 m Höhe konstante Bodenleistung aufweist.

$G\ \ \ = 2200$ kg   Profil Gö 676 (Siehe Anhang, S. 158)
$G/F_{Tr} = 125$ kg/m² $c_{ws} = 0{,}009$
$\lambda = 1:5$ $c_{wL} = 0{,}010.$

Der Luftschraubenwirkungsgrad wird bei v' in 4000 m Höhe auf $\eta_L = 0{,}81$ geschätzt.

a) Welche Leistung muß der Motor aufweisen (am Boden)?

b) Welche Spannweite besitzt das Flugzeug?

c) Wie groß wird das maßgebende Sturzflugmoment M_{Tr} am mittleren Flügelschnitt $t_m = F_{Tr}/b$ im Fall 100 für Beanspruchungsgruppe 4?

d) Welches Lastvielfache n_{Tr} (E) wird im Grenzfall E des Bereiches 110 für Beanspruchungsgruppe 4 maßgebend?

e) Wo liegt das Druckmittel e(D) im Grenzfall D des Bereiches 110?

f) Welches v' bzw. q' wird für die Böenfälle 115 und 117 maßgebend?

g) Welche Böenlastvielfache in den Fällen 115 und 117 sind zu erwarten?

Aufgabe 172: Ein kleiner Schuldoppeldecker von 900 kg Fluggewicht und 13 m² Fläche soll für Beanspruchungsgruppe 4 nachgewiesen werden. Das Flugzeug, das mit festem Fahrwerk ausgerüstet ist, hat nach Modellmessungen ein $c_{ws} = 0{,}018$. Die beiden Tragflächen sind gleich groß, haben rechteckigen Grundriß und das gleiche Profil Gö 676 (s. Anhang, S. 158) bei dem Seitenverhältnis $\lambda = 1 : 4{,}5$.

Der Motor leistet in Bodennähe bei Vollgas 195 PS, wobei $\eta_L = 0{,}73$ geschätzt wird. $c_{wL} = 0{,}015$. $c_{a\,min} = -0{,}623.$

a) Ansatz des Falles 100,

b) » » Bereiches 105,

c) » » » 110,

d) » » Falles 115.

Aufgabe 173: Ein Flugzeug mit folgenden Daten befindet sich im Entwurf: $F_{T_r} = 19$ m², $\lambda = 1 : 7$, Rechteckflügel mit Profil NACA 23012 (s. Anhang S. 151).

a) Zur Wahl einer geeigneten Flächenbelastung für eine entsprechende höchste Waagerechtgeschwindigkeit ist ein Diagramm für den Böenfall zu zeichnen, das n_{T_r} (115) als Funktion von v_h zeigt mit G/F_{T_r} als Parameter (s. Siegel, Angewandte Lastannahmen, S. 41).

b) Bei der Wahl der Flächenbelastung ist davon auszugehen, daß die Mindestschwebegeschwindigkeit ohne Landehilfen 120 km/h nicht überschreiten soll. Außerdem soll für Beanspruchungsgruppe 5 die untere Grenze des Lastvielfachen n_{T_r} des Abfangbereiches 105 nicht überschritten werden. Es ergibt sich sodann aus dem gezeichneten Diagramm das Böenlastvielfache n_{T_r} (115). Welcher Auftriebsbeiwert c_a (115) gehört dazu?

Aufgabe 174: Ein Verkehrsflugzeug soll für Beanspruchungsgruppe 3 entworfen werden. Das Fluggewicht betrage im Höchstfall $G_{max} = 3000$ kg, während als Mindestfluggewicht $G_{min} = 2200$ kg geplant ist. Die Tragfläche beträgt 40 m². Der höchste Waagerechtstaudruck q_h unterscheidet sich für beide Gewichte nur unwesentlich und wird für beide Möglichkeiten mit $q_h = 560$ kg/m² angesetzt.

$c_{ws} = 0,025$, $\lambda = 1 : 7$, Profil Gö 676 (s. Anhang S. 158).

a) Für Bereich 105 ist $n_{T_r}(A)$ und $q(A)$ zu berechnen.

b) Welches Fluggewicht G_{max} oder G_{min} ergibt im Fall 115 das größte Böenlastvielfache?

c) Welches der beiden Grenzfluggewichte erbringt das größere Lastvielfache im Falle 117?

18. Lastfälle 119, 120 und 121. Böenangriff am Leitwerk im Waagerechtflug.

a) Böenangriff am Höhenleitwerk.

$$p_H \text{ (119 bzw. 120)} = p_{H\,\text{Grund}} \pm p_{H\,\text{Bö}} \quad \text{(kg/m²)} \quad \ldots \quad (111)$$

p_H (119) = Gesamtbelastung des Höhenleitwerks beim Angriff einer Bö von unten nach oben.

p_{H} (120) = Gesamtbelastung des Höhenleitwerks beim Angriff einer Bö von oben nach unten.

$p_{H\,\text{Grund}}$ = Belastung des Höhenleitwerks im Grundfall Waagerechtflug, die für die Erhaltung des Längsgleichgewichtes erforderlich ist.

$$p_{H\,\text{Grund}} = \frac{P_{H}}{F_{H}} \; (\text{kg/m}^2) \quad \ldots\ldots\ldots\ldots \quad (112)$$

P_{H} = Kraft am Höhenleitwerk (kg) (s. Abschnitt 8c, Formel 42, S. 55),

F_{H} = Höhenleitwerksfläche (m²).

$$p_{H\,\text{Bö}} = q \cdot \frac{v_{b}}{v} \cdot \frac{d\,c_{nH}}{d\,\alpha_{H}} \cdot \eta \; (\text{kg/m}^2) \quad \ldots\ldots \quad (113)$$

$p_{H\,\text{Bö}}$ = zusätzliche Leitwerksbelastung durch den Einfluß der Bö,

v_{b} = 10 m/s = Böengeschwindigkeit,

q bzw. v = maßgebender Flugstaudruck (Fluggeschwindigkeit) (s. Abschnitt 17, S. 107).

$\dfrac{d\,c_{nH}}{d\,\alpha_{H}}$ = Auftriebsneigung des Höhenleitwerks unter Berücksichtigung des Seitenverhältnisses und des Rumpfeinflusses,

η = 0,6 = Böenwirkungsgrad (nach Bauvorschriften für Flugzeuge, 1936, S. 32).

Wenn $q = q_{h}$ bzw. $v = v_{h}$ maßgebend wird, dann vereinfacht sich Formel 113 zu:

$$p_{H\,\text{Bö}} = \frac{v_{h}}{16} \cdot v_{b} \cdot \frac{d\,c_{nH}}{d\,\alpha_{H}} \cdot \eta \; (\text{kg/m}^2) \quad \ldots\ldots \quad (113a)$$

Aufgabe 175: Welche Gesamtbelastung erhält das Höhenleitwerk eines Flugzeuges, das sich im Waagerechtflug in Bodennähe mit 410 km/h Geschwindigkeit befindet und von einer Bö getroffen wird, die mit einer Geschwindigkeit $v_{b} = -10$ m/s senkrecht zur Flugrichtung von oben nach unten das Flugzeug trifft?

Das Längsmoment im Waagerechtflug um den Schwerpunkt des Flugzeuges betrage $M_{r_{r_{R_y}}} = +410$ mkg (kopflastig). Der wirksame Leitwerkshebelarm ist $l_{H} = 4,2$ m.

Das Höhenleitwerk hat 2,6 m² Fläche bei einem Seitenverhältnis 1 : 5 und besitzt das symmetrische Göttinger Profil 459 (s. Anhang S. 167).

Lösung: Eine Waagerechtgeschwindigkeit von 410 km/h = 114 m/s entspricht in Bodennähe einem Staudruck q_h = 810 kg/m². Es liegt der Lastfall 120 vor. Nach Formel 111 beträgt die Gesamtbelastung:

$$p_H (120) = p_{H \, \text{Grund}} - p_{H \, \text{Bö}}.$$

Die Grundbelastung ergibt sich aus dem Längsmoment nach Abschnitt 8c, Formel 41, S. 55 zu:

$$P_H = - \frac{M_{T r \, H y}}{l_H} = - \frac{410}{4,3} = 95,3 \, \text{kg}.$$

Nach Formel 112:

$$p_{H \, \text{Grund}} = \frac{P_H}{F_H} = - \frac{95,3}{2,6} = - \mathbf{36,6 \, kg/m^2}.$$

Die Böenbelastung wird nach Formel 113a bestimmt: Die Auftriebsneigung des Höhenleitwerks wird aus der Profilmessung (s. Anhang S. 167) ermittelt. Dabei wird $c_n = c_a$ gesetzt.

$$\frac{d \, c_{n \, H}}{d \, \alpha_H} = \frac{c_{a_2} - c_{a_1}}{\alpha_2 - \alpha_1} = \frac{0,431 - 0,029}{5,8 - 0} \cdot 57,3 \doteq \underline{4}$$

$$p_{H \, \text{Bö}} = \frac{v_h}{16} \cdot v_b \cdot \frac{d \, c_{n \, H}}{d \, \alpha_H} \cdot \eta = \frac{114}{16} \cdot 10 \cdot 4 \cdot 0,6 = \mathbf{170,5 \, kg/m^2}.$$

Somit wird

$$p_H = - 36,6 - 170,5 = - \underline{\mathbf{207,1}} \, \text{kg/m}^2.$$

Aufgabe 176: Beim Segelflug treten mitunter wesentlich höhere Böengeschwindigkeiten als die in den Bauvorschriften für Flugzeuge als Mittelwert aufgestellten 10 m/s. Es soll daher unabhängig von den Vorschriften nachgeprüft werden, welche zusätzliche Böenbelastung das Höhenleitwerk eines Segelflugzeuges beansprucht, das bei einer Fluggeschwindigkeit $v = 45$ km/h durch eine Bö senkrecht zur Flugrichtung von $v_b = 18$ m/s Stärke getroffen wird. Die Bö wirkt von unten nach oben. Das Höhenleitwerk hat nach Windkanalmessungen eine Auftriebsneigung:

$$\frac{d \, c_{n \, H}}{d \, \alpha_H} = 4,2. \quad F_H = 1,4 \, \text{m}^2. \quad \eta = 0,6.$$

Aufgabe 177: Der in Aufgabe 137 beschriebene zweimotorige Bomber besitzt ein Höhenleitwerk mit doppeltem Seitenleitwerk als Endscheiben. Durch die Endscheibenwirkung wird der Randwiderstand stark vermindert und dadurch die effektive Auftriebsneigung verbessert. Nach M a n g l e r , Luftfahrtforschung 1937, Lfg. 11, S. 568, Bild 11, ist für eine Ausführung, bei der die Höhe der Seitenleitwerke 30% der Höhenleitwerksspannweite beträgt und der obere Teil des Seitenleitwerks dreimal so groß als der untere ist, der Beiwert c_{wi} mit dem Faktor $\varkappa = 0{,}64$ zu multiplizieren. Damit kann nun die effektive Auftriebsneigung berechnet werden:

$$\frac{d c_n}{d \alpha_{\text{eff}}} = \frac{\dfrac{d c_n}{d \alpha_\infty}}{1 + \dfrac{\lambda}{\pi} \cdot \dfrac{d c_n}{d \alpha_\infty} \cdot \varkappa} = \frac{5{,}8}{1 + \dfrac{0{,}278}{\pi} \cdot 5{,}8 \cdot 0{,}64} = 4{,}4.$$

Die Spannweite des Höhenleitwerks beträgt $b_{\text{\it{H}}} = 6$ m, die Höhe einer Endscheibe $h_s = 1{,}8$ m. Die Fläche des Höhenleitwerks ist $F_{\text{\it{H}}} = 10$ m².

a) Welche zusätzliche Böenlast erhält das Höhenleitwerk in den Lastfällen 119 und 120 in Bodennähe?

b) In 3500 m Höhe?

c) Und in 5000 m Höhe?

d) Wie groß wäre die größte Belastung aus diesen drei Fällen, wenn das Seitenleitwerk in der Mitte des Höhenleitwerks angebracht wäre?

b) Böenangriff am Seitenleitwerk.

$$\boxed{p_s \, (121)_{\text{a u. b}} = \pm p_{s\,\text{Bö}} = \pm q \cdot \frac{v_b}{v} \cdot \frac{d c_{n\,s}}{d \alpha_s} \cdot \eta} \quad \text{(kg/m²)} \quad (114)$$

$p_{s\,\text{Bö}} =$ Leitwerksbelastung durch Einfluß einer Bö $=$ Gesamtbelastung des Seitenleitwerks im Lastfall 121 a und b, soweit symmetrische Profile verwendet wurden. Sonst würde eine dem Anstellwinkel verhältige Grundlast hinzukommen,

$\dfrac{d c_{n\,s}}{d \alpha_s} =$ Auftriebsneigung eines Seitenleitwerks unter Be-

8*

rücksichtigung des Seitenverhältnisses und des Rumpfeinflusses,

$\eta = 1{,}0 =$ Böenwirkungsgrad (nach Bauvorschriften für Flugzeuge, 1936, S. 32).

Aufgabe 178: Das Seitenleitwerk eines Motorseglers ist unter Zugrundelegung eines ·Ruderbetätigungsfalles (s. Abschnitt 20c) für eine höchste Waagerechtgeschwindigkeit v_h $= 80$ km/h entworfen worden. Danach erhält das Seitenleitwerk von 1,2 m² Fläche eine sichere Leitwerkskraft $P_s =$ 18,6 kg.

Bei welcher Fluggeschwindigkeit würde die gleiche sichere Last als Böenbelastung auftreten? Die effektive Auftriebsneigung betrage 3,2.

Lösung: Die Böenbelastung soll

$$p_{s_{B\ddot{o}}} = \frac{P_s}{F_s} = \frac{18{,}6}{1{,}2} = 15{,}5 \text{ kg/m}^2$$

betragen. Formel 114 ergibt als zugehörige Geschwindigkeit, wenn $\varrho = \dfrac{1}{8}$:

$$v = \frac{p_{s_{B\ddot{o}}}}{v_b} \cdot 16 \cdot \frac{1}{\dfrac{d\,c_{n\,s}}{d\,\alpha_s} \cdot \eta} = \frac{15{,}5 \cdot 16}{10 \cdot 3{,}2 \cdot 1{,}0} = 7{,}75 \text{ m/s}$$

$$v = \underline{28} \text{ km/h.}$$

Das bedeutet praktisch, daß der eigentliche Böenfall auf jeden Fall die maßgebende Beanspruchung bringen wird.

Aufgabe 179: Das Sportflugzeug, das in Aufgabe 161 untersucht wurde, soll als Beispiel für den Ansatz der Böenfälle 115 und 117 sowie der Leitwerks-Böenfälle 119, 120 und 121 dienen. Jedoch soll bei den letzteren nur die zusätzliche Beanspruchung durch die Bö errechnet werden.

Die Tragfläche zeigt bei rechteckigem Grundriß eine mittlere Tiefe $t_m = 1{,}5$ m. Für das Höhenleitwerk betrage die Auftriebsneigung 4,4 und für das Seitenleitwerk 3.

Aufgabe 180: Welche Werte nehmen die Böenlasten an, wenn für das gleiche Flugzeug der vorhergehenden Aufgabe 179 das Mindestfluggewicht $G_{\min}$ der Rechnung zugrunde gelegt wird?

Aufgabe 181: Ein Leichtflugzeug von 300 kg Fluggewicht erreicht mit einem 50-PS-Motor eine höchste Waagerechtgeschwindigkeit von 220 km/h in Bodennähe.

Das Höhenleitwerk hat elliptischen Grundriß, 1,05 m² Fläche und eine effektive Auftriebsneigung $dc_n/d\alpha_{eff} = 3{,}84$ nach Modellmessungen.

Das Seitenleitwerk weist 0,686 m² Fläche auf und zeigte bei Messungen ein $dc_n/d\alpha_{eff} = 3{,}2$.

Die Tragfläche des Flugzeuges von 8,2 m² hat eine mittlere Flügeltiefe $t_m = 1{,}14$ m. Der Höhenleitwerkshebelarm beträgt $l_H = 2{,}93$ m bei einer vordersten Schwerpunktslage $r/t_m = 0{,}2$ und einer Hochlage $h/t_m = 0{,}22$.

Als Tragwerksprofil wurde Gö 617 (s. Anhang S. 157) verwendet. Spannweite des Flügels: 8 m.

a) Welche größte Gesamtbelastung des Höhenleitwerks ergibt sich aus den Fällen 119 und 120?

b) Welche Kraft P_s entsteht im Lastfall 121 a und b am Seitenleitwerk?

19. Lastfälle 122, 124 und 126. Böenangriff am Tragwerk bei betätigter Landehilfe.

Nur für Flugzeuge mit Landehilfen!

$$\boxed{n_{Tr}(122) = 1 + \Delta n_{Tr}} \quad \dots \dots \dots \dots \dots \dots \quad (115)$$

$n_{Tr}(122) =$ Lastvielfaches im Fall 122 (Bö von unten nach oben).

$$\boxed{n_{Tr}(124) = |1 - \Delta n_{Tr}|} \text{ Absolutwert! Immer positiv! } (116)$$

$n_{Tr}(124) =$ Lastvielfaches im Fall 124 (Bö von oben nach unten),

$\Delta n_{Tr} =$ Änderung des Lastvielfachen durch den Einfluß der Bö.

$$\boxed{\Delta n_{Tr} = \frac{v}{16} \cdot \frac{F_{Tr}}{G} \cdot v_b \cdot \frac{dc_{aTr}}{d\alpha_{Tr\,eff}} \cdot \eta} \quad \dots \dots \dots \quad (117)$$

$v =$ größte der drei nachfolgenden Fluggeschwindigkeiten:

$$1{,}5 \cdot v_1 = 1{,}5 \cdot v_{\min} = 6 \cdot \sqrt{\frac{G}{F_{Tr}} \cdot \frac{1}{c_{a\max}}} \, ,$$

wobei $c_{a\max}$ ohne Betätigung der Landehilfen einzusetzen ist,

oder $v_2 =$ Geschwindigkeit des besten Steigens in Bodennähe ohne Betätigung der Landehilfen (s. Abschnitt 11 b, S. 80),

oder $v_3 =$ Geschwindigkeit, bei der in Bodennähe die Landehilfe durch eine selbsttätige Sicherung gegen Überbeanspruchung außer Betrieb gesetzt wird,

$G =$ Fluggewicht (Höchstfluggewicht bis $G_{\min} =$ Rüstgewicht + Besatzung),

$v_b = 10$ m/s = Böengeschwindigkeit,

$\eta =$ Böenwirkungszahl (s. Anschnitt 17, Formeln 109 und 110, Bild 46, S. 174),

$\dfrac{d c_{a\,Tr}}{d \alpha_{Tr\,\mathrm{eff}}} =$ effektive Auftriebsneigung des Tragwerks (s. Abschnitt 7 b, Formel 23, S. 38).

$$\boxed{q\,(122) \;= q\,(124) = \frac{v^2}{16}} \quad \text{(kg/m}^2\text{)} \ \ldots \ldots \ldots \ \ldots (118)$$

$q\,(122)$ und $q\,(124) =$ Staudrücke in den Fällen 122 und 124,

$$v =$$ maßgebende Geschwindigkeit (s. o.).

$$\boxed{c_{a\,Tr}\,(122) = \frac{n_{Tr}\,(122) \cdot G}{q\,(122) \cdot F_{Tr}}} \ \ldots \ldots \ldots \ldots \ldots (119)$$

$$\boxed{c_{a\,Tr}\,(124) = -\frac{n_{Tr}\,(124) \cdot G}{(124) \cdot F_{Tr}}} \ \ldots \ldots \ldots \ldots (120)$$

$$\boxed{q\,(126) \;= \left(\frac{v + v_b}{16}\right)^2} \ \text{(kg/m}^2\text{)} \ldots \ldots \ldots (121)$$

$q\,(126) =$ Staudruck im Fall 126 (Bö von vorn wirkend),
$v =$ wie in Fall 122 und 124.

$$\boxed{n_{Tr}\,(126) \;= \frac{q\,(126)}{q\,(122)}} \ \ldots \ldots \ldots \ldots \ldots (122)$$

$$\boxed{c_{a\,Tr}\,(126) = \frac{n_{Tr}\,(126) \cdot G}{q\,(126) \cdot F_{Tr}}} \ \ldots \ldots \ldots \ldots (123)$$

Aufgabe 182: Für das in Aufgabe 168 beschriebene Klein-flugzeug von 220 kg Fluggewicht sollen die Böenfälle 122, 124 und 126 aufgestellt werden. Nach einer Leistungsberechnung für dieses Flugzeug beträgt die Geschwindigkeit des besten Steigens 30 m/s. Eine automatische Sicherung gegen Über-beanspruchung der Landeklappen ist nicht vorhanden.

Lösung: Zunächst wird die maßgebende Geschwindigkeit v bestimmt. v_3 braucht nicht berücksichtigt zu werden. $v_2 = 30$ m/s. Die Minimalgeschwindigkeit $v_1 = v_{\min}$.

$$1{,}5\,v_{\min} = 6 \cdot \sqrt{\frac{G}{F_{Tr}} \cdot \frac{1}{c_{a\,\max}}} = 6\sqrt{26{,}8 \cdot \frac{1}{1{,}12}} = \underline{\mathbf{29{,}3}}\ \text{m/s.}$$

Maßgebend wird also $v = 30$ m/s.

Nach Formel 117 wird nunmehr die Erhöhung des Last-vielfachen durch die Bö berechnet:

$$\Delta n_{Tr} = \frac{v}{16} \cdot \frac{F_{Tr}}{G} \cdot v_b \cdot \frac{d\,c_{a\,Tr}}{d\,\alpha_{Tr\,\text{eff}}} \cdot \eta = \frac{30}{16} \cdot \frac{10}{26{,}8} \cdot 4{,}65 \cdot 0{,}65$$

$$\Delta n_{Tr} = \mathbf{2{,}11}.$$

Auftriebsneigung und Böenwirkungsgrad konnte unver-ändert aus Aufgabe 168 übernommen werden.

Nunmehr können die Lastfälle 122 und 124 aufgestellt werden:

$$n_{Tr}(122) = 1 + 2{,}11 = \underline{\mathbf{3{,}11}} \quad \text{(nach Formel 115),}$$

$$q(122) = \frac{v^2}{16} = \frac{30^2}{16} = \underline{\mathbf{56{,}3}}\ \text{kg/m}^2 \quad \text{(nach Formel 118),}$$

$$c_{a\,Tr}(122) = \frac{3{,}11 \cdot 26{,}8}{56{,}3} = \underline{\mathbf{1{,}48}} \quad \text{(nach Formel 119),}$$

$$n_{Tr}(124) = |1 - 2{,}11| = \underline{\mathbf{1{,}11}} \quad \text{(nach Formel 116),}$$

$$q(124) = q(122) = 56{,}3\ \text{kg/m}^2,$$

$$c_{a\,Tr}(124) = -\frac{1{,}11 \cdot 26{,}8}{56{,}3} = \underline{\mathbf{-0{,}529}} \quad \text{(nach Formel 120).}$$

Für den Lastfall 126 muß ein erhöhter Staudruck berech-net werden:

$$q(126) = \frac{(v + v_b)^2}{16} = \frac{(30 + 10)^2}{16} = \underline{\mathbf{100}}\ \text{kg/m}^2$$
$$\text{(nach Formel 121),}$$

$$n_{Tr}(126) = \frac{q(126)}{q(122)} = \frac{100}{56{,}3} = \underline{\mathbf{1{,}78}} \quad \text{(nach Formel 122),}$$

$$c_{a\,Tr}(126) = \frac{178 \cdot 26{,}8}{100} = \underline{\mathbf{0{,}476}} \quad \text{(nach Formel 123).}$$

Aufgabe 183: Die Lastfälle 122, 124 und 126 sind für das Flugzeug der Aufgabe 161 aufzustellen. Es wird die Annahme getroffen, daß die maßgebende Geschwindigkeit $v_3 = 120$ km/h $= 33,3$ m/s wird, bei der die Landeklappen selbsttätig zurückgehen und eine höhere Beanspruchung verhindern.

Aufgabe 184: Wie ändern sich die Lastvielfachen der Lastfälle 122, 124 und 126 der Aufgabe 183, wenn an Stelle des höchsten Fluggewichtes $G_{max} = 900$ kg das geringstmögliche Fluggewicht $G_{min} = 600$ kg eingesetzt wird?

20. Belastungszustände mit Ruderbetätigung.

a) Wirkung der Ruderbetätigung.

$$\boxed{c_n(\beta) = \frac{dc_n}{d\alpha_{eff}} \cdot \alpha + \frac{dc_n}{d\beta} \cdot \beta} \qquad \dots \dots \dots \quad (124)$$

$c_n(\beta) =$ Beiwert der Normalkraft, die an einem Leitwerk oder Tragflügel mit Ruder bzw. Klappe wirkt,

$\alpha =$ Anstellwinkel $=$ Winkel zwischen Profilsehne bzw. -tangente und Anblasrichtung (in Bogenmaß),

$\dfrac{dc_n}{d\alpha_{eff}} \sim \dfrac{dc_a}{d\alpha_{eff}} =$ wirksame Auftriebsneigung des Leitwerks oder des Tragwerks ohne Ruder- bzw. Klappenausschlag (s. Abschnitt 7b),

$\beta =$ Ruder- oder Klappenausschlagwinkel (in Bogenmaß).

$$\boxed{\frac{dc_n}{d\beta} = \frac{dc_n}{d\alpha_{eff}} \cdot \frac{d\alpha}{d\beta} \cdot \eta_\beta} \qquad \dots \dots \dots \quad (125)$$

$\dfrac{dc_n}{d\beta} =$ Neigung der Kurve $c_n = f(\beta)$,

$\dfrac{d\alpha}{d\beta} = f\left(\dfrac{t_R}{t}\right)$ (s. Bild 47, Anhang S. 175),

$\dfrac{t_R}{t} =$ Verhältnis der Rudertiefe t_R zur Gesamttiefe des Leitwerks oder Tragflügels t,

$\eta_\beta =$ mittlerer Klappenwirkungsgrad (s. Bild 48, Anhang S. 176).

$$\Delta p = \frac{d\,c_n}{d\,\beta} \cdot \beta \cdot q \quad \text{(kg/m}^2\text{)} \dots\dots\dots\dots\dots (126)$$

$\Delta p =$ Erhöhung der Belastung eines Leitwerks oder Tragflügels durch die Wirkung eines Ruderausschlags β,

$q =$ am Leitwerk oder Tragwerk wirksamer Staudruck, evtl. unter Berücksichtigung der Staudruckerhöhung durch Luftschraubenstrahl (kg/m²).

$$p\,(\beta) = p\,(\beta = 0) + \Delta p \quad \text{(kg/m}^2\text{)} \dots\dots\dots\dots (127)$$

$p\,(\beta) =$ Flächenbelastung eines Leitwerks oder Tragwerks mit Ruder bzw. Klappe,

$p\,(\beta = 0) =$ Grundlast = Flächenbelastung des Leitwerks oder Tragflügels ohne Ruder- oder Klappenausschlag (kg/m²).

Für die statische Rechnung ist es praktischer, mit Streckenlasten zu rechnen:

$$p_n\,(\beta) = \frac{p\,(\beta)}{b} \quad \text{(kg/m)} \dots\dots\dots\dots\dots (128)$$

$p_n\,(\beta) =$ laufende Normallast = Streckenlast in Richtung der Spannweite b, die das Profil mit Ruder bzw. Klappe erhält.

$$p_n\,(\beta) = p_n\,(\beta = 0) + \Delta p_n \quad \text{(kg/m)} \dots\dots\dots (129)$$

$$p_n\,(\beta = 0) = c_n\,(\beta = 0) \cdot q \cdot t \quad \text{(kg/m)} \dots\dots\dots (130)$$

$p_n\,(\beta = 0) =$ laufende Grundlast (Ruderausschlag = 0),

$t =$ örtliche Leitwerks- bzw. Flügeltiefe (m).

$$\Delta p_n = \frac{d\,c_n}{d\,\beta} \cdot \beta \cdot q \cdot t \quad \text{(kg/m)} \dots\dots\dots\dots (131)$$

$\Delta p_n =$ Erhöhung der laufenden Belastung eines Leitwerks oder Flügels durch Ruderausschlag β.

$$c_m\,(\beta) = 0{,}28 \cdot c_n\,(\beta) + \bar{c}_m + \beta \cdot c_m' \quad \dots\dots\dots (132)$$

$c_m\,(\beta) =$ Beiwert des Luftkraftmomentes an einem Leitwerk oder Flügel mit Ruder bzw. Klappe bezogen auf Profilvorderkante.

$$\boxed{\bar{c}_m = c_m \, (\beta = 0) - 0{,}28 \, c_n \, (\beta = 0)} \quad \ldots \ldots \ldots \text{(133)}$$

$c_m \, (\beta = 0) =$ Momentenbeiwert des Leitwerks oder Tragflügels **ohne** Ruder- bzw. Klappenausschlag (s. Abschnitt 7 d, S. 45).

Für die meisten Profile gilt in guter Näherung:

$$\boxed{c_m \, (\beta = 0) = c_{m_0} + 0{,}25 \, c_n \, (\beta = 0)} \quad \ldots \ldots \ldots \text{(133 a)}$$

$c_{m_0} =$ Momentenbeiwert bei $c_n = 0$.

Damit wird Formel 133 zu:

$$\bar{c}_m = c_{m_0} - 0{,}03 \cdot c_n \, (\beta = 0) \ldots \ldots \ldots \ldots \text{(133 b)}$$

Dieser Wert in Formel 132 eingesetzt ergibt:

$$\boxed{c_m \, (\beta) = 0{,}28 \cdot c_n \, (\beta) + c_{m_0} - 0{,}03 \cdot c_n \, (\beta = 0) + \beta \cdot c_m'} \quad \text{(134)}$$

$c_m' = f \, (t_R/t)$ (s. Bild 49, Anhang S. 176).

Aufgabe 185: An einem mit $v = 390$ km/h fliegenden Flugzeug befindet sich ein Höhenleitwerk von 3,6 m² Fläche und 4 m Spannweite. Bei Nullstellung des Ruders besitzt das Leitwerk einen Anstellwinkel $\alpha = 2^0$ gegenüber dem Luftstrom. Leitwerksprofil: NACA 0010. Das mittlere Rudertiefenverhältnis t_R/t beträgt 0,4. $t_{m_H} = 0{,}9$ m.

a) Welche Grundlast $p_H \, (\beta = 0)$ in kg/m² herrscht bei Nullstellung des Höhenruders am Höhenleitwerk?

b) Um wieviel vergrößert sich die Belastung des Höhenleitwerks, wenn das Ruder um 25 Grad nach unten ausgeschlagen wird?

Lösung: Das Seitenverhältnis des Leitwerks beträgt:

$$\lambda_H = \frac{F_H}{b_H{}^2} = \frac{3{,}6}{4^2} = 0{,}225.$$

Das symmetrische Profil NACA 0010 besitzt eine Dicke von 10% der Profiltiefe. Dazu gehört nach Bild 42, Anhang S. 170 ein Profilwirkungsgrad $\eta_p = 0{,}91$. Somit ergibt sich

$$\frac{d \, c_n}{d \, \alpha_\infty} = 2 ; \pi \cdot \eta_p = 6{,}28 \cdot 0{,}91 = 5{,}71.$$

Unter Berücksichtigung des Seitenverhältnisses wird die wirksame Auftriebsneigung

$$\frac{d\,c_n}{d\,\alpha_{\text{eff}}} = \frac{d\,c_n/d\,\alpha_\infty}{1 + \dfrac{\lambda}{\pi}\cdot d\,c_n/d\,\alpha_\infty} = \frac{5,71}{1 + \dfrac{0,225}{\pi}\cdot 5,71} = 4,05.$$

Der Rumpfeinfluß soll vernachlässigt werden. Man bleibt dadurch auf der sicheren Seite.

Der Normalkraftbeiwert bei Ruder in Nullstellung wird nunmehr:

$$c_n\,(\beta = 0) = \frac{d\,c_n}{d\,\alpha_{\text{eff}}}\cdot\alpha = 4,05\cdot\frac{2}{57,3} = 0,14.$$

a) Es kann jetzt die Grundlast berechnet werden:

$$p_{\mathit{H}}\,(\beta = 0) = c_n\,(\beta = 0)\cdot q = 0,14\cdot\frac{390^2}{16\cdot 3,6^2} = 0,14\cdot 731$$
$$= \mathbf{103}\ \text{kg/m}^2.$$

b) Der Beiwert der gesamten Normalkraft am Höhenleitwerk mit ausgeschlagenen Rudern wird nach Formel 124 berechnet:

$$_n(\beta) = c_n\,(\beta = 0) + \frac{d\,c_n}{d\,\beta}\cdot\beta.$$

Darin ist noch unbekannt die Ruderwirksamkeit $\dfrac{d\,c_n}{d\,\beta}$, die vom Seitenverhältnis und dem Rudertiefenverhältnis abhängt (Formel 125). ($d\alpha/d\beta$ aus Bild 47, Anhang S. 175.)

$$\frac{d\,c_n}{d\,\beta} = \frac{d\,c_n}{d\,\alpha_{\text{eff}}}\cdot\frac{d\,\alpha}{d\,\beta}\cdot\eta_p = 4,05\cdot 0,75\cdot 0,61 = \mathbf{1,86}.$$

Damit wird

$$c_n\,(\beta) = 0,14 + 1,86\cdot\frac{25}{57,3} = 0,14 + 0,683 = \mathbf{0,95}.$$

Die Gesamtlast bei dem Staudruck $q = 731$ kg/m² ist somit:

$$p\,(\beta) = c_n\,(\beta)\cdot q = 0,95\cdot 731 = \mathbf{695}\ \text{kg/m}^2.$$

Aufgabe 186: Welche Größe erreicht das Verdrehmoment, das bei dem Ruderausschlag $\beta = 25^0$ das Höhenleitwerk der vorhergehenden Aufgabe 185 beansprucht?

Lösung: Allgemein gilt für das Luftkraftmoment:

$$M_{\mathit{H}} = c_{m\mathit{H}}\,(\beta)\cdot q\cdot F_{\mathit{H}}\cdot t_{m\mathit{H}}\ (\text{mkg})\ (\text{Siehe Abschnitt 7 d, Formel 32}).$$

Der Beiwert des Momentes bei Ruderausschlag $c_m\,(\beta)$ wird nach Formel 134 berechnet. Dazu wird der Beiwert der Gesamtnormalkraft $c_n(\beta)$ benötigt. Er ergab sich in der vorigen Aufgabe zu:

$$c_n(\beta) = 0,95.$$

Der Wert c_{m_0} wird gleich Null, da ein symmetrisches Profil bei $c_a = 0$ kein Moment erhält. Ebenfalls aus der vorigen Aufgabe erhält man $c_n(\beta = 0) = 0,14$. Schließlich muß noch c_m' aus Bild 49 für $t_R/t = 0,4$ bestimmt werden.

$$c_m' = 0,46.$$

Formel 134 ergibt:

$$c_m(\beta) = 0,28 \cdot 0,95 + 0 - 0,03 \cdot 0,14 + \frac{25}{57,3} \cdot 0,46$$

$$c_m(\beta) = 0,266 - 0,004 + 0,201 = \mathbf{0{,}463}.$$

Somit wird die Größe des Verdrehmomentes:

$$M_{II} = 0,463 \cdot 731 \cdot 3,6 \cdot 0,9 = \underline{\mathbf{1095}} \text{ mkg.}$$

Aufgabe 187: Das als Endscheiben des Höhenleitwerks ausgebildete doppelte Seitenleitwerk eines Schnellbombers besitzt zur Erhöhung der Kursstabilität gekrümmte Profile an Stelle der üblichen symmetrischen Leitwerksprofile. Der Anstellwinkel dieser Profile beträgt $\alpha = 1^0$. Die Profile besitzen ein $c_{m_0} = 0,02$. Bild 21 zeigt das Leitwerk in Grund- und Aufriß.

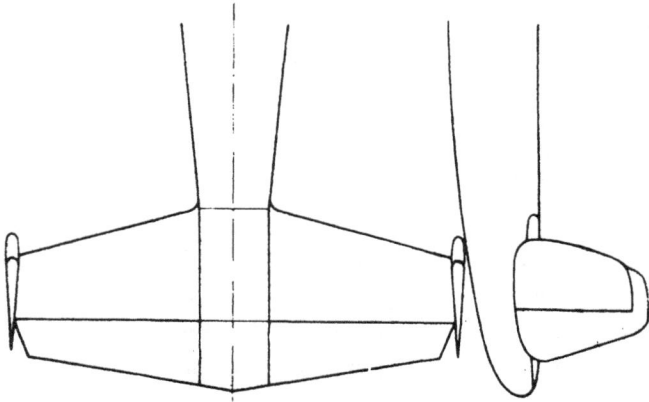

Bild 21.

a) Welche Belastungen treten an den einzelnen Leitwerkshälften auf, wenn bei einer Fluggeschwindigkeit $v = 450$ km/h in Bodennähe beide Seitenruder um $\beta_s = 12°$ nach rechts (in Flugrichtung gesehen) ausschlagen?

Die Fläche eines Endscheibenleitwerks beträgt $F_s = 2,2$ m². Die mittlere Tiefe ist $t_{ms} = 1$ m.

Aus Modellmessungen wurde $dc_n/d\alpha_{eff} = 3,6$ ermittelt. Das mittlere Rudertiefenverhältnis beträgt $t_R/t = 0,35$.

Als positive Richtung der Kräfte und Ruderausschläge gilt die Richtung nach rechts.

. b) Welche Verdrehmomente bezogen auf Leitwerksvorderkante treten an den einzelnen Leitwerken auf?

Aufgabe 188: Um die Änderung der Belastung eines Tragflügels durch den Einfluß eines Querruderausschlages überschlägig zu berechnen, nimmt man an, daß der äußere Flügelteil durch einen Flügelschnitt t_{mq} etwa in Mitte der Querruderklappenlänge ersetzt wird.

Für diesen Schnitt wird die örtliche Änderung der Belastung als Streckenlast (laufende Last) in kg/m berechnet, und in ähnlicher Weise die Änderung des örtlichen Luftkraftmomentes:

$$m = c_m (\beta) \cdot q \cdot t^2 \quad (\text{mkg/m}).$$

Es werde z. B. die Wirkung eines Querruderausschlages $\beta_q = 0,192$ (11°) an einem Flügelschnitt $t_{mq} = 0,79$ m untersucht, der in 80% der Halbspannweite s eines Tragflügels liegt. Das Flugzeug befinde sich im senkrechten Sturzflug bei einer Endgeschwindigkeit $v_{end} = 407$ km/h $= 113$ m/s.

Das Rudertiefenverhältnis betrage $t_R/t = 0,3$.

Durch Verwindung des Flügels wirkt in diesem Schnitt während des Sturzfluges mit $c_{a\,gesamt} = 0$ ein örtlicher Auftriebsbeiwert $c_a (\beta = 0) = -0,078$, wozu ein $c_{m_0} = 0,014$ gehört. Die örtliche Auftriebsneigung errechnet sich nach der Beziehung:

$$\frac{d c_a}{d \alpha_{eff}} = \frac{2 \cdot \pi \cdot \eta_P}{1 + 2 \cdot \lambda_q \cdot \eta_P} = \frac{6,28 \cdot 0,88}{1 + 2 \cdot 0,567 \cdot 0,88} = \mathbf{2,765}$$

worin

$$\lambda_q = \frac{\text{Querruderfläche}}{(\text{Querruderspannweite})^2} = \frac{2,046}{1,9^2} = 0,567.$$

(Genaueres zu Berechnungen dieser Art s. Siegel G. Angewandte Lastannahmen, Berlin 1938. S. 146 ff.)

a) Welcher örtliche Auftriebsbeiwert tritt an dem Profil auf, wenn der positive Ruderausschlag $\beta_q = 0{,}192$ (11°) wirkt?

b) Welche örtliche laufende Last tritt im Schnitt t_q auf, wenn der negative Ruderausschlag $\beta_q = -0{,}192$ (— 11°) wirkt?

c) Wie groß ist das örtliche Luftkraftmoment bezogen auf Profilvorderkante in mkg/m, das an dem Profilschnitt t_q bei einem positiven Querruderausschlag $\beta_q = +0{,}192$ (11°) auftritt?

b) Lastfälle 135, 138 und 139. Querruderbetätigung.

$$\boxed{M_q = c_{mq} \cdot q \cdot F_{Tr} \cdot b} \quad \text{(mkg)} \quad \ldots \ldots \ldots \quad (135)$$

$M_q =$ Querrudermoment = Moment um die Flugzeuglängsachse (X-Achse), das durch Querruderausschlag erzeugt wird.

$$\boxed{c_{mq} = \frac{d\,c_{mq}}{d\,\beta} \cdot \beta_q \cdot \eta_\beta} \quad \ldots \ldots \ldots \ldots \quad (136)$$

$c_{mq} =$ Rollmomentenbeiwert. Dieser wird durch Windkanalversuche gefunden oder aus Auftriebsverteilungen berechnet. Vereinfachtes Verfahren s. Siegel, Angewandte Lastannahmen, S. 146 ff. (Versuchsergebnisse: Siehe Lippisch A., Einfluß der Flügelgestaltung auf die Querruderwirkung, Jahrbuch 1936 der Lilienthalgesellschaft, S. 178.)

$\dfrac{d\,c_{mq}}{d\,\beta} =$ Maß für die Querruderwirkung eines Tragflügels (s. Bild 50, Anhang S. 177 [in Winkelmaß]).

$$\boxed{M_D = c_{mD} \cdot q \cdot F_{Tr} \cdot b} \quad \text{(mkg)} \quad \ldots \ldots \ldots \quad (137)$$

$M_D =$ Rolldämpfungsmoment = Moment um die Flugzeuglängsachse, das dem Querruderrollmoment dämpfend entgegenwirkt und durch die Verkleinerung des wirksamen Anstellwinkels der einzelnen Flügelschnitte bei der Drehung entsteht,

$c_{mD} =$ Beiwert des Rolldämpfungsmomentes. Dieser wird ähnlich c_{mq} entweder aus Versuchen oder aus Auftriebsverteilungsrechnungen gewonnen.

$$c_{mD} = \frac{c_{mD}}{d\,\omega_x} \cdot \omega_x \qquad \ldots \ldots \ldots \ldots \ldots \quad (138)$$

ω_x = Winkelgeschwindigkeit der Drehung um die X-Achse (s^{-1}).

$\dfrac{c_{mD}}{d\,\omega_x}$ = Änderung des Dämpfungsmomentenbeiwertes bei einer Änderung der Winkelgeschwindigkeit = Maß für die Dämpfungsfähigkeit der Rollbewegung eines Tragflügels.

$$M_x = M_{x_1} + M_{x_2} = M_q + M_D \quad \text{(mkg)} \quad \ldots \ldots \quad (139)$$

M_x = Gesamtmoment um die X-Achse, das als resultierendes Moment des Querruderrollmomentes M_{x_1} und des Rolldämpfungsmomentes M_{x_2} übrigbleibt,

$M_{x_1} = M_q$ = Bezeichnung der Bauvorschriften für Flugzeuge für das Querruderrollmoment (mkg),

$M_{x_2} = M_D$ = Bezeichnung der BVF für das Rolldämpfungsmoment (mkg).

$$\varepsilon_x = \frac{M_x}{I_x} \quad (\text{s}^{-2}) \quad \ldots \ldots \ldots \ldots \ldots \ldots \quad (140)$$

ε_x = Winkelbeschleunigung eines Flugzeuges um seine Längsachse, die durch das Gesamtrollmoment M_x hervorgerufen wird,

I_x = Trägheitsmoment des Flugzeuges um die X-Achse (kg ms^2).

Gleichförmige Drehung um die Längsachse (Lastfälle 135 und 138):

$$M_x = 0 \quad \ldots \ldots \ldots \ldots \ldots \ldots \ldots \ldots \quad (141)$$

Also ist nach Formel 139: $M_{x_1} = - M_{x_2}$!

$$\varepsilon_x = 0 \quad \ldots \ldots \ldots \ldots \ldots \ldots \ldots \ldots \quad (142)$$

$$\beta_{q\,\text{erf}} = \frac{M_{x_1}}{\dfrac{d\,c_{mq}}{d\,\beta} \cdot \eta_\beta \cdot q \cdot F_{Tr} \cdot b} \quad \text{(in Bogenmaß)} \quad \ldots \quad (143)$$

$\beta_{q\,\text{erf}}$ = erforderlicher Ruderausschlag, um eine gleichförmige Drehung um die Längsachse zu erzielen.

Lastfall 135a und b:

a) Drehung von links nach rechts in Flugrichtung gesehen.

b) » » rechts » links in Flugrichtung gesehen.

Grundfall: Waagerechtflug mit v_h bzw. q_h.

$$\boxed{q\,(135) = q_h}\ (\text{kg/m}^2)\quad\dots\dots\dots\dots\quad (144)$$

$q\,(135) =$ Staudruck im Fall 135 (gesteuerte Rolle).

$$\boxed{n\,(135) = 1}\quad\dots\dots\dots\dots\dots\quad (145)$$

$$\boxed{\omega_x\,(135) = \pm\,0{,}35\cdot\frac{v_b}{b}}\ (\text{s}^{-1})\quad\dots\dots\dots\quad (146)$$

$\omega_x\,(135) =$ Winkelgeschwindigkeit, die durch die BVF für
den Fall 135 vorgeschrieben ist.

$$\boxed{M_{x_2}\,(135) = \frac{d\,c_{mD}}{d\,\omega_x}\cdot\omega_x\,(135)\cdot q_h\cdot F_{Tr}\cdot b}\ (\text{mkg})\ \dots\ (147)$$

$M_{x_2}\,(135) =$ Rolldämpfungsmoment im Fall 135.

$$\boxed{M_{x_2}\,(135) = \frac{d\,c_{mD}}{d\,\omega_x}\cdot\frac{0{,}35}{16}\cdot v_h{}^3\cdot F_{Tr}}\quad\dots\dots\dots\quad (147\,\text{a})$$

Aus Formel 143 und 147a:

$$\boxed{\beta_{q\,\text{erf}}\,(135) = \mp\,\frac{\dfrac{d\,c_{mD}}{d\,\omega_x}\cdot 0{,}35\cdot v_h}{\dfrac{d\,c_{ma}}{d\,\beta}\cdot\eta_\beta\cdot b}}\quad(\text{in Bogenmaß})\ \ \dots\ (148)$$

Aufgabe 189: Welcher Querruderausschlag β_q ist für das
Flugzeug der Aufgabe 168 erforderlich, um eine gesteuerte
Rolle mit der für Lastfall 135 vorgeschriebenen Winkelgeschwindigkeit im Waagerechtflug mit $v_h = 170$ km/h zu
erreichen?

Die Tragfläche besitzt trapezförmigen Grundriß mit einer

Zuspitzung $t_a/t_i = 1 : 2$, einer Querruderklappenlänge $l_q\left|\dfrac{b}{2}\right. =$

0,5 und einem Rudertiefenverhältnis, das im Mittel $t_R/t = 0{,}25$

beträgt (s. Bild 22). Aus einer abgekürzten Auftriebsvertei-
lungsermittlung, wie sie in den BVF 1936 vorgeschlagen
und in Siegel, Angewandte Lastannahmen, S. 146 ff., ge-
zeigt ist, wurde für diesen Tragflügel ein Rolldämpfungsmoment $M_{x_2} = 780$ mkg ermittelt.

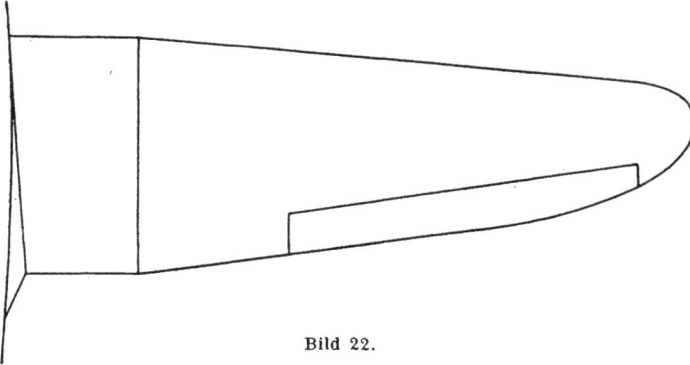

Bild 22.

Lösung: Aus dem gegebenen Rolldämpfungsmoment läßt
sich nach Formel 147 a ermitteln:

$$\frac{d\,c_{mD}}{d\,\omega_x} = \frac{M_{x2}\,(135)\cdot 16}{0,35\cdot v_h{}^3\cdot F_{Tr}} = \frac{780\cdot 16}{0,35\cdot 47,4^3\cdot 8,2} = 0,0406.$$

Aus Bild 48 und 50, Anhang S. 176 u. 177 entnimmt man
für die vorliegende Flügelform und Querruderabmessungen
den Wert:

$$\frac{d\,c_{mq}}{d\,\beta^0} = 0,0053\cdot 57,3 = 0,304 \text{ und } \eta_\beta = 0,61.$$

Mit diesen Werten ergibt sich nach Formel 148:

$$\beta_q\,(135) = \mp\,\frac{0,0406\cdot 0,35\cdot 47,4}{0,304\cdot 0,61\cdot 8} = \mp\,\mathbf{0,455}\,(26,1^0).$$

Aufgabe 190: Die Aufgabe 189 soll für den Lastfall 138
weitergeführt werden. Das Flugzeug werde für Beanspruchungsgruppe 5 nachgewiesen, so daß $\bar{q} = q_{\text{end}} = 800$ kg/m²
wird. Aus einer Auftriebsverteilungsrechnung ist wiederum das
Rolldämpfungsmoment bekannt: $M_{x_2} = 1270$ kgm.

Lösung: Zu dem Endstaudruck $\bar{q} = q_{\text{end}} = 800$ kg/m² gehört als Geschwindigkeit

$$v\ (100) = 4\sqrt{q_{\text{end}}} = 4\sqrt{800} = 113\ \text{m/s} = 407\ \text{km/h}$$

$$q\ (138) = \bar{q} = 800\ \text{kg/m}^2.$$

$$c_a\ (138) = 0$$

$$\omega_x\ (138) = \pm\,0{,}1 \cdot \frac{v\ (100)}{b} = \pm\,0{,}1 \cdot \frac{113}{8} = \pm\,\mathbf{1{,}41}.$$

Aus dem gegebenen Dämpfungsmoment errechnet sich (nach Formel 147 a)

$$\frac{d\,c_{mD}}{d\,\omega_x} = \frac{M_{x_s}\ (138) \cdot 16}{0{,}1 \cdot v_h{}^3 \cdot F_{Tr}} = \frac{1270 \cdot 16}{0{,}1 \cdot 113^3 \cdot 8{,}2} = \mathbf{0{,}0169}.$$

Damit kann schließlich der erforderliche Ruderausschlag berechnet werden (nach Formel 148) (η_β zunächst zu 0,8 geschätzt):

$$\beta_{q\,\text{erf}}\ (138) = \mp\,\frac{0{,}0169 \cdot 0{,}1 \cdot 113}{0{,}304 \cdot 0{,}8 \cdot 8} = \mp\,\underline{\mathbf{0{,}098}}\ (5{,}63^0).$$

Hierzu gehört $\eta_\beta = 0{,}84$, so daß β_q besser gleich

$$\frac{0{,}098 \cdot 0{,}8}{0{,}84} = \mp\,0{,}0935\ (5{,}36^0).$$

Aufgabe 191: Der Henschel-Anderthalbdecker Hs 123 wird für senkrechten Sturzbombenangriff verwendet. Tragfläche $F_{Tr} = 24{,}85\ \text{m}^2$. Spannweite des Oberflügels $b_0 = 10{,}5\ \text{m}$. Spannweite des Unterflügels $b_u = 8\ \text{m}$. Fluggewicht $G_{\text{max}} = 2220\ \text{kg}$. Es wird angenommen, daß die Sturzflugendgeschwindigkeit $v_{\text{end}} = 520\ \text{km/h}$ beträgt.

a) Welches Querruderrollmoment ist im Lastfall 138 aufzubringen, wenn $d\,c_{mD}\,/d\,\omega_x = 0{,}06$ beträgt?

b) Welcher Querruderausschlag β_q ist erforderlich, um die nach BVF für Fall 138 geforderte Winkelgeschwindigkeit zu erreichen? Das obere Tragdeck, das maßgebend ist, hat rechteckigen Grundriß. Querruder sind nur am oberen Tragdeck angebracht und nehmen 55% der Halbspannweite ein.

Aufgabe 192: a) Welches Rolldämpfungsmoment ist erforderlich, um einen Tragflügel mit der Zuspitzung $t_a/t_i = 1 : 3$ und $l_q\Big/\dfrac{b}{2} = 0{,}6$ in gleichförmiger Drehung um die Längsachse des Flugzeuges zu halten? Der Querruderausschlag beträgt $\beta_q = \mp\,30^0$. Die Fluggeschwindigkeit wird mit $v = 320\ \text{km/h}$ gemessen. $F_{Tr} = 35\ \text{m}^2$. $b = 16\ \text{m}$. $\dfrac{G}{F_{Tr}} = 95\ \text{kg/m}^2$.

b) Welcher Wert $dc_{m_0}/d\omega_x$ gilt für diesen Flügel, wenn der unter a) beschriebene Flugzustand dem Fall 135 für dieses Flugzeug entspricht, also $v = v_h$ ist?

c) Welcher Auftriebsbeiwert herrscht am Tragflügel bei diesem Flugzustand?

Lastfall 138a und b (nur für Beanspruchungsgruppe 4 und 5):

a) Drehung von links nach rechts in Flugrichtung gesehen.

b) » » rechts » links in Flugrichtung gesehen.

Grundfall: Sturzflug mit v (100) bzw. $\bar{q}$.

$$\boxed{q\,(138) = \bar{q}}\ (\text{kg/m}^2) \ldots \ldots \ldots \ldots \ldots \ldots (149)$$

q (138) = Staudruck im Fall 138 (Sturzflug mit Querruderausschlag und gleichmäßiger Drehung um die Längsachse).

$$\boxed{c_a\,(138) = 0} \ldots \ldots \ldots \ldots \ldots \ldots \ldots (150)$$

$$\boxed{\omega_x(138) = \pm\, 0{,}10 \cdot \frac{v\,(100)}{b}}\ (\text{s}^{-1}) \ldots \ldots \ldots (151)$$

ω_x (138) = Winkelgeschwindigkeit, die durch die BVF für den Lastfall 138 vorgeschrieben ist,

v (100) = maßgebende Sturzfluggeschwindigkeit im Lastfall 100 (s. Abschnitt 13) (m/s).

$$\boxed{M_{x_1}\,(138) = \frac{d\,c_{mD}}{d\,\omega_x} \cdot \omega_x\,(138) \cdot \bar{q} \cdot F_{Tr} \cdot b}\ (\text{mkg}) \ldots . (152)$$

M_{x_1} (138) = Rolldämpfungsmoment im Lastfall 138.

$$\boxed{M_{x_1}\,(138) = \frac{d\,c_{mD}}{d\,\omega_x} \cdot \frac{v\,(100)^3}{160} \cdot F_{Tr}}\ (\text{mkg}) \ldots \quad (152\,\text{a})$$

Aus Formel 143 und 152a ergibt sich:

9*

$$\beta_{q\,\text{ert}}\,(138) = \mp \frac{\dfrac{d\,c_{mD}}{d\,\omega_x}\cdot 0{,}1\cdot v\,(100)}{\dfrac{d\,c_{mq}}{d\,\beta}\cdot \eta_\beta\cdot b} \quad \text{(in Bogenmaß)} \;.\;.\; (153)$$

Lastfall 139a und b: Beschleunigte Drehung um die Längsachse.

     '   a) Drehung von links   nach rechts in Flugrichtung ge-
                                         sehen.

      b)   »   » rechts » links in Flugrichtung ge
                                           sehen.

$$\varepsilon_x\,(139) = \mp 6 \quad (\text{s}^{-2}) \;.\;.\;.\;.\;.\;.\;.\;.\;.\;.\;.\;.\;. (154)$$

$$M_x\,(139) = \varepsilon_x\cdot I_x = \mp 6\cdot I_x \quad (\text{mkg}) \;.\;.\;.\;.\;.\;.\;. (155)$$

$M_x\,(139) =$ beschleunigendes Rollmoment im Fall 139.

$$n_{Tr}\,(139) = \frac{5}{6}\cdot \overline{n}_{Tr} \;.\;.\;.\;.\;.\;.\;.\;.\;\;\;.\;.\;.\;.\;. (156)$$

$n_{Tr}\,(139) =$ Abfanglastvielfaches der gerissenen Rolle (Last-
               fall 139),

$\overline{n}_{Tr} =$ maßgebendes Abfanglastvielfaches der Bereiche
               105 und 110 (s. Abschnitt 14).

$$q\,(139) \;\;= q_h \quad (\text{kg/m}^2) \;.\;.\;.\;.\;.\;.\;.\;.\;.\;.\;.\;. (157)$$

$$c_{a\,Tr}\,(139) = \frac{n_{Tr}\,(139)\cdot G}{q_h\cdot F_{Tr}} \;.\;.\;.\;.\;.\;.\;.\;.\;.\;.\;.\;. (158)$$

$$\beta_q\,(139) \;\;= \beta_q\,(135) \;.\;.\;.\;.\;.\;.\;.\;.\;.\;.\;\;.\;.\;. (159)$$

$\beta\,(135) =$ Querruderausschlag im Fall 135.

$$M_{x_1}\,(139) = \frac{d\,c_{mq}}{d\,\beta}\cdot \beta_q\,(135)\cdot \eta_\beta\cdot q_h\cdot F_{Tr}\cdot b \;.\;.\;.\;.\;. (160)$$

$$M_{x_2}\,(139) = M_x\,(139) - M_{x_1}\,(139) \quad (\text{mkg}) \;.\;.\;.\;.\;. (161)$$

$$M_{x_2}\,(139) = \mp 6\cdot I_x \mp \frac{d\,c_{mD}}{d\,\omega_x}\,(135)\cdot \frac{0{,}35}{16}\cdot v_h{}^3\cdot F_{Tr} \quad (161\,\text{a})$$

Aufgabe 193: Das in Aufgabe 168 beschriebene Flugzeug, das bereits in Aufgabe 189 und 190 für die Lastfälle 135 und 138 durchgerechnet wurde, soll als Beispiel für den Ansatz des Falles der beschleunigten Drehung (Fall 139) dienen. Die Beanspruchungsgruppe des Flugzeuges ist 5. Das Trägheitsmoment beträgt $I_x = 10$ kg ms².

Lösung: Das beschleunigende Moment nimmt den Wert an:

$$M_x (139) = \mp \varepsilon_x \cdot I_x = \mp 6 \cdot 10 = \mp \textbf{60 mkg.}$$

Durch das gleichzeitige Abfangen herrscht am Tragwerk als Lastvielfaches $n_{Tr} (139) = \dfrac{5}{6} \cdot \bar{n}_{Tr}$. Das maßgebende Lastvielfache des Abfangbereiches 105 hängt von der Flächenbelastung und dem Staudruck q_h ab. $G/F_{Tr} = 26{,}8$ kg/m². $q_h = 140$ kg/m².

Die Nachprüfung des Grenzwertes $7{,}09 \cdot G/F_{Tr}$ ergibt jedoch, daß dieser größer als q_h ist, also Formel 91 in Abschnitt 14, S. 98 nicht angewendet zu werden braucht, sondern die untere Grenze

$$\bar{n}_{Tr} = 6$$

gilt. Damit wird

$$n_{Tr} (139) = \frac{5}{6} \cdot 6 = \textbf{5.}$$

Der Staudruck im Falle 139 ist der des Grundfalles:

$$q (139) = q_h = \underline{\textbf{140}} \text{ kg/m}^2.$$

Somit beträgt der Auftriebsbeiwert am Tragflügel (nach Formel 158):

$$c_{aTr} (139) = \frac{5 \cdot 26{,}8}{140} = \textbf{0,96.}$$

Das Querruderrollmoment wird nach Formel 160 berechnet: (Der Querruderausschlag entspricht nach Formel 159 dem des Falles 135. Siehe Aufgabe 189.) Also

$$\beta_q (139) = \beta_q (135) = \mp \textbf{26,1}^0.$$

$$M_{x_1} (139) = \frac{d\,c_{ma}}{d\,\beta} \cdot \beta_q (135) \cdot \eta_\beta \cdot q_h \cdot F_{Tr} \cdot b =$$

$$M_{x_1} (139) = \mp 0{,}304 \cdot \frac{26{,}1}{57{,}3} \cdot 0{,}61 \cdot 140 \cdot 8{,}2 \cdot 8 = \mp \underline{\textbf{777}} \text{ mkg.}$$

Das zugehörige Rolldämpfungsmoment beträgt nach Formel 161 und 161 a:

$$M_{x_1}(139) = M_x(139) - M_{x_1}(139) = \mp 60 - (\mp 777)$$
$$\doteq \pm \underline{717} \text{ mkg.}$$

Aufgabe 194: Ein Flugzeug für Kunstflug, das nach Beanspruchungsgruppe 5 nachgewiesen wird, mit $G = 950$ kg,
$F_{Tr} = 10$ m², $b = 8,5$ m und $I_x = 75$ kg ms² führt eine ge-
rissene Rolle aus, die dem Lastfall 139 entspricht. Die Fluggeschwindigkeit beträgt dabei $v_h = 275$ km/h.

Der Tragflügel zeigt rechteckigen Grundriß. Die Querruderklappenlänge umfaßt 40% der Halbspannweite bei einem
Rudertiefenverhältnis $t_\kappa/t = 0,2$ im Mittel.

Um die geforderte Beschleunigung $\varepsilon_x = \mp 6$ s⁻² zu erreichen, ist ein Ruderausschlag $\beta_q = \mp 22^0$ erforderlich, wie
Flugversuche ergeben haben.

a) Welchen Beiwert des Rolldämpfungsmomentes c_{mD} besitzt der Tragflügel bei der erreichten Winkelgeschwindigkeit?

b) Welches c_a wirkt gleichzeitig am Tragflügel?

c) Lastbereiche 140, 141, 142 und 143. Höhenruderbetätigung:

$$\boxed{p_H(140) = 0,5 \cdot q_h} \text{ (kg/m²)} \ldots \ldots \ldots \ldots (162)$$

$$\boxed{p_{II}(141) = -0,5 \cdot q_h} \text{ (kg/m²)} \ldots \ldots \ldots (162\,a)$$

$p_{II}(140, 141) \doteq$ Höhenleitwerksbelastung in den Lastbereichen 140 und 141.

Für Beanspruchungsgruppe 4 und 5 ist
zu beachten, daß als Mindestwert

$$p_H = \pm 3 \cdot q_{min}$$

nicht unterschritten werden darf.

$q_h =$ höchster Waagerechtstaudruck in Bodennähe (s. Abschnitt 10a, Formel 51).

$$\boxed{\alpha_{II}(140, 141) = 0} \ldots \ldots \ldots \ldots \ldots (163)$$

$\alpha_{II} =$ Anstellwinkel des Höhenleitwerks. Wenn
dieser Null wird, dann liegt die Flosse in
Anströmrichtung.

$$\boxed{c_{n\,H} = \frac{p_H}{q}} \qquad \dots \dots \dots \dots \dots \text{(164)}$$

c_{nH} = Normalkraftbeiwert am Höhenleitwerk,

$$\boxed{\beta_H (140, 141)_{\text{th}} = \pm \frac{c_{nH}}{\dfrac{d\,c_{nH}}{d\,\beta}}} \quad \text{(in Bogenmaß)} \dots \dots \text{(165)}$$

$\beta_H (140, 141)_{\text{th}}$ = theoretischer Ruderausschlag (ohne Berücksichtigung des Ruderwirkungsgrades η_β), der im Bereich 140 bzw. 141 erforderlich ist, um die vorgeschriebenen Belastungen zu erzeugen. Die Rechnung liegt dadurch auf der sicheren Seite.

$$\frac{d\,c_{n\,H}}{d\,\beta} = \frac{d\,c_{n\,H}}{d\,\beta_{H\,\text{eff}}} \cdot \frac{d\,\alpha_H}{d\,\beta} = \text{Ruderwirksamkeit.} \quad \text{(Siehe Abschnitt 20\,a, S. 120.)}$$

$$\boxed{p_H (142) = 0{,}25 \cdot q_h} \ (\text{kg/m}^2) \dots \dots \dots \dots \text{(166)}$$

$$\boxed{p_H (143) = -\,0{,}25 \cdot q_h} \ (\text{kg/m}^2) \dots \dots \dots \text{(166\,a)}$$

$p_H (142, 143)$ = Höhenleitwerksbelastung in den Lastbereichen 142 und 143. Für Beanspruchungsgruppe 4 und 5 gilt jedoch als Mindestwert:
$$p_H \gtrless 1{,}5 \cdot q_{\min}\,!$$

$$\boxed{\alpha_H (142, 143) = -\,\beta_H (142, 143)} \dots \dots \dots \dots \text{(167)}$$

$\alpha_H = -\,\beta_H$ bedeutet, daß das Ruder in Anblasrichtung des Leitwerkes steht.

$$\boxed{\beta_H (142, 143)_{\text{th}} = \pm \frac{c_{nH}}{\dfrac{d\,c_{nH}}{d\,\alpha_{H\,\text{eff}}} \left(\dfrac{d\,\alpha_H}{d\,\beta} - 1 \right)}} \quad \text{(in Bogenmaß) (168)}$$

Durchführung der Leitwerkslastfälle und Verteilung der Lasten in Spannweiten- und Tiefenrichtung, s. Siegel, Angewandte Lastannahmen, S. 161 ff.

Aufgabe 195: Ein Flugzeug älteren Typs der Beanspruchungsgruppe 4, das bei einer Landegeschwindigkeit von

90 km/h nur 180 km/h Höchstgeschwindigkeit im Waagerechtflug in Bodennähe erreicht, soll als Träger für Motoren verwendet werden, an denen Versuche ausgeführt werden.

Zunächst ist der Einbau eines stärkeren, aber leichteren
Motors als bisher vorhanden, vorgesehen. Die höchste Waagerechtgeschwindigkeit soll dadurch auf 200 km/h erhöht werden, während durch das geringere Motorgewicht die Flächenbelastung um 10% abnimmt.

Ist eine Verstärkung des Höhenleitwerks erforderlich,
wenn dieses ursprünglich für den Fall der Ruderbetätigung
scharf ausdimensioniert war?

Lösung: Die ursprüngliche Waagerechtgeschwindigkeit v_{h_1}
= 180 km/h = 50 m/s entspricht einem q_h = 156 kg/m².

Die Landegeschwindigkeit v_L = 90 km/h entspricht q_{min_1}
= 39 kg/m². Diese beiden Staudrücke sind der Berechnung
der Höhenleitwerksbelastung, für die das Leitwerk dimensio-
niert wurde, zugrunde gelegt worden. Nach Formel 162 ergibt
sich für Bereich 140:

$$p_{H_1} = 0{,}5 \cdot q_h = 0{,}5 \cdot 156 = 78 \text{ kg/m}^2.$$

Dieser Wert ist jedoch kleiner als

$$p_{H_1} = 3 \cdot q_{min} = 3 \cdot 39 = \underline{\textbf{117}} \text{ kg/m}^2.$$

Durch den Einbau des stärkeren Motors steigt der Staudruck im Waagerechtflug mit v_{h_2} = 200 km/h = 55,5 m/s auf

$$q_{h_2} = \textbf{192 kg/m}^2.$$

Gleichzeitig sinkt der Landestaudruck durch die Ver-
ringerung der Flächenbelastung um 10% gleichfalls um 10%,
da nach Formel 50, Abschnitt 9 d. S. 64.

$$q_{min} = \frac{G/F_{Tr}}{c_{a\,max}}$$

ist und $c_{a\,max}$ unverändert bleibt. Also wird

$$q_{min_2} = 0{,}9 \cdot q_{min_1} = 0{,}9 \cdot 39 = \textbf{35,1 kg/m}^2.$$

Die Leitwerksbelastungen ergeben sich zu:

$$p_{H_2} = 0{,}5 \cdot q_h = 0{,}5 \cdot 192 = 96 \text{ kg/m}^2.$$

Wiederum zeigt sich, daß q_{min} ausschlaggebend wird:

$$p_{H_2} = 3 \cdot q_{min} = 3 \cdot 35{,}1 = \textbf{105,3 kg/m}^2.$$

Maßgebend für eine erforderliche Verstärkung des Höhenleitwerks wird dieser Wert jedoch nicht, da, wie man sieht, der ursprüngliche Wert $p_{H_1} = 117$ kg/m² immer noch höher liegt! Demnach kann das Leitwerk ohne Änderung beibehalten werden.

Aufgabe 196: Das Höhenruder eines Flugzeuges soll eine Sicherung gegen Überbeanspruchung in Form einer sich selbsttätig mit dem Staudruck einstellenden Ausschlagbegrenzung erhalten.

v_h des Flugzeuges beträgt 340 km/h. Der maßgebende Staudruck im Sturzflug beträgt für Beanspruchungsgruppe 5: $\bar{q} = 1800$ kg/m².

Höhenleitwerksfläche $F_H = 4,5$ m², $b_H = 4,25$ m. $t_H/t = 0,3$. Profil NACA 0010 mit einer Auftriebsneigung:

$$\frac{d\,c_n}{d\,\alpha_\infty} = 5,71.$$

a) Welche größte Ruderausschläge β_H darf die Ausschlagbegrenzung in den Grenzflugzuständen der Bereiche 140 und 141 mit

$$q_{\mathrm{I}} = q_h \quad \text{und} \quad q_{\mathrm{II}} = \bar{q}$$

zulassen, wenn die Sicherheit der Bereiche 140 und 141 nicht unterschritten werden soll?

b) Reichen die gleichen Ruderausschlagwinkel aus, um die zulässige Belastung in den Bereichen 142 und 143 voll auszunützen?

Aufgabe 197: Im 5 × 7-m-Windkanal der DVL wird bei 60 m/s Windgeschwindigkeit die Festigkeit eines Höhenleitwerks in natürlicher Größe geprüft.

Das Flugzeug, von dem das Leitwerk stammt, erreicht eine höchste Waagerechtgeschwindigkeit von 320 km/h in Bodennähe. Es sollen im Windkanal die Belastungen aufgebracht werden, die dem Bereich 140 bis 143 entsprechen.

a) Welche Ruderausschläge β_H sind in den Bereichen 140 und 141 bei dem Windkanalversuch erforderlich?

b) Welche Flossenanstellwinkel α_H müssen für die Bereiche 142 und 143 eingestellt werden?

c) Welche größten senkrechten Kräfte erhalten die Aufhängungen insgesamt?

Spannweite des Höhenleitwerks $b_H = 4{,}5$ m. $\lambda = 1 : 4$. Profil M 3 (s. Anhang S. 166). Mittleres Rudertiefenverhältnis $t_R/t = 0{,}4$.

d) Lastbereiche 145 und 146. Seitenruderbetätigung.

$$\boxed{p_s \,(145\,\text{a u. b}) = \pm\, 0{,}5 \cdot q_h}\ (\text{kg/m}^2) \ \ldots \ldots \ldots \ldots \ (169)$$

p_s (145 a u. b) = Seitenleitwerksbelastung in dem Lastbereich 145 a und b. Jedoch gilt als Mindestwert:

$$p_s = \pm\, 3 \cdot q_{\min}!$$

$$\boxed{\alpha_s \,(145\,\text{a u. b}) = 0}\ \ \ldots \ldots \ldots \ldots \ldots \ldots \ \ (170)$$

α_s = Anstellwinkel des Seitenleitwerks.

$$\boxed{c_{ns} = \frac{p_s}{q}}\ \ldots \ldots \ldots \ldots \ldots \ldots \ldots \ (171)$$

c_{ns} = Normalkraftbeiwert am Seitenleitwerk.

$$\boxed{\beta_s \,(145\,\text{a u. b})_{th} = \frac{\pm\, c_{ns}}{\dfrac{d\,c_{ns}}{d\,\alpha_{s\,\text{eff}}} \cdot \dfrac{d\,\alpha_s}{d\,\beta}}}\ \ (\text{in Bogenmaß}) \ \ldots \ (172)$$

Siehe hierzu unter Abschnitt 20 c. S. 135.

$$\boxed{p_s \,(146\,\text{a u. b}) = \pm\, 0{,}15 \cdot q_h}\ (\text{kg/m}^2) \ \ldots \ldots \ldots \ (173)$$

p_s (146 a u. b) = Seitenleitwerksbelastung im Lastbereich 146. Als Mindestwert ist zu beachten:

$$p_s \gtreqless 0{,}9 \cdot q_{\min}!$$

$$\boxed{\alpha_s \,(146\,\text{a u. b}) = -\,\beta_s \,(146\,\text{a u. b})}\ \ \ldots \ldots \ldots \ \ (174)$$

Das Seitenruder steht in Anblasrichtung!

$$\boxed{\beta_s \,(146\,\text{a u. b})_{th} = \pm\, \frac{c_{ns}}{\dfrac{d\,c_{ns}}{d\,\alpha_{s\,\text{eff}}}\left(\dfrac{d\,\alpha_s}{d\,\beta} - 1\right)}}\ \ (\text{in Bogenmaß}) \ \ (175)$$

Siehe hierzu unter Abschnitt 20 c, S. 135.

Aufgabe 198: Das in Aufgabe 187 beschriebene doppelte Seitenleitwerk soll für den Lastbereich 145 a und b nachgeprüft werden.

a) Welche Lasten kommen durch die Ruderbetätigung auf jede der beiden Leitwerksflächen?

b) Welche Ruderausschläge sind erforderlich, um diese Lasten zu erzeugen?

Lösung: a) Nach Formel 169 ergibt sich die Größe der Belastung:

$$p_s\,(145\text{ a u. b}) = \pm\,0{,}5 \cdot q_h = \pm\,0{,}5 \cdot 976 = \pm\,\mathbf{488}\ \text{kg/m}^2.$$

Der Staudruck $q_h = 976$ kg/m² liegt so hoch, daß keinesfalls q_{min} maßgebend werden kann.

b) Die Größe der Ruderausschläge wird nach Formel 172 gefunden:

$$\beta_s\,(145\text{ a u. b}) = \frac{\pm\,0{,}5}{3{,}6 \cdot 0{,}71} = \pm\,\underline{\mathbf{0{,}196}}\ (11{,}2^0),$$

da der Normalkraftbeiwert nach Formel 171

$$c_{ns} = \frac{p_s}{q} = \frac{488}{976} = 0{,}5$$

beträgt (s. hierzu auch Siegel, Angewandte Lastannahmen, Tafel V).

Aufgabe 199: Das Seitenleitwerk eines Kleinflugzeuges mit $q_h = 140$ kg/m² hat eine Fläche $F_s = 0{,}686$ m², eine Höhe $h_s = 1{,}03$ m.

(Das Seitenverhältnis eines Seitenleitwerks wird so berechnet, daß man seine Höhe als halbe Spannweite ansieht.)

Flächenbelastung des Flugzeuges: $G/F_{Tr} = 26{,}8$ kg/m². Profil Gö 617 mit $c_{a\,max} = 1{,}12$. (Anhang S. 157.)

Das mittlere Rudertiefenverhältnis des Seitenleitwerks beträgt $t_h/t = 0{,}6$.

Das auf Grund des Seitenverhältnisses berechnete $\dfrac{d\,c_{ns}}{d\,\alpha_s}$ wird zu günstig, da sowohl der Rumpfeinfluß sehr bedeutend ist, als auch die Grundrißfläche eines Seitenleitwerks meist beträchtlich von der elliptischen Form abweicht. Durch Vergleiche mit Meßergebnissen an ähnlichen Seitenleitwerken wird in diesem Falle angenommen:

$$\frac{d\,c_{nS}}{d\,\alpha_{s\,eff}} = 3{,}2.$$

a) Welche Belastung tritt bei q_h im Bereich 145a und b auf?

b) Welcher Ruderausschlag ist im Bereich 145 nötig?

c) Wie groß wird p_s bei q_h im Bereich 146a und b?

d) Wie groß wird im Bereich 146a und b der wirksame Flossenanstellwinkel?

Aufgabe 200: Das Seitenleitwerk des Flugzeuges, dessen Höhenleitwerk in Aufgabe 197 beschrieben wurde, soll unter gleichen Bedingungen im großen DVL-Kanal untersucht werden.

Wiederum soll die Festigkeit für die Ruderbetätigungsfälle der Bereiche 145 und 146 geprüft werden.

Fläche des Seitenleitwerks: $F_s = 3\,\text{m}^2$, wirksames Seitenverhältnis $\lambda_{eff} = 1 : 4{,}5$. Profil M 3 (s. Anhang S. 166). Mittleres Rudertiefenverhältnis: $t_R/t = 0{,}5$.

a) Welche Ruderausschläge sind erforderlich, um beim Kanalversuch die gleichen Belastungen als im Bereich 145a und b zu erzeugen?

b) Unter welchem Flossenanstellwinkel α_s muß das Seitenleitwerk im Windkanal aufgehängt werden, um den Bereich 146a und b zu untersuchen?

c) Welche größte Seitenkraft P_s beansprucht insgesamt die Aufhängung?

Lösungen.

(Die Nummern beziehen sich auf die Aufgaben.)

2. 4,35 m.
3. 6,4 m/s.
4. Die Geschwindigkeit ist zwischen den Stromlinien von 1 cm Abstand doppelt so groß als zwischen denen mit 2 cm Abstand. Der Staudruck ist zwischen den Stromlinien mit 1 cm Abstand viermal so groß als zwischen denen mit 2 cm Abstand.
5. $D_2 = D_1/\sqrt{2}$.
6. 37,4 m/s.
7. 93 m/s.
9. a). $p_0 = 23,6$ kg/m², $p_u = 8,9$ kg/m².
   b). $p_0/p_u = 2,66$.
10. 750 kg/m² (Unterdruck!)
12. 43,5°.
13. 480 km/h.
14. 27,4 m/s.
16. 0,077 at Unterdruck.
17. a) 30,2 m/s.
    b) 3,89 m/s.
18. a) 9961 kg/m².
    b)   39 kg/m².
    c) 10000 kg/m².
19. 1,73.
20. 47,3 m/s.
22. 1,02 kg.
23. 20,8 kg.
24. 7,8 m.
25. $c_w = 0,133$:
26 Nach vorn offene Halbkugel ($c_w = 1,3$).
28. $c_w = 0,055$.

29. Der Widerstand steigt von 28 kg auf 224 kg, also auf das Achtfache!

30 a) $q = 73$ kg/m².

b) Der Meßbereich muß mindestens bis 122,5 kg reichen.

32. $A = 510$ kg.

33. $A_{max} = 2120$ kg.

35. $R = 2,4 \cdot 10^6$ bis $R = 8 \cdot 10^6$.

36. a) $R = 221 \cdot 10^6$.

b) $R = 82,3 \cdot 10^6$.

37. $R = 7,1 \cdot 10^6$.

38. $R = 42 \cdot 10^6$. Länge: 280 cm, Breite: 46,6 cm.

39. $R = 32 \cdot 10^6$; $v = 1000$ km/h.

40. Bis zu $t_m \sim 1,5$ m können die Messungen mit Sicherheit als gültig übertragen werden.

41. Die Flügeltiefe müßte $t = 2,66$ m ausgeführt werden, wodurch sich jedoch ein sehr ungünstiges Seitenverhältnis ergeben würde.

42. $R = 9,5 \cdot 10^6$.

43. $R_1 = 30 \cdot 10^6$; $R_2 = 149,5 \cdot 10^6$.

44. Die R-Zahl des Ballons ist gleich Null, da er mit der Strömung schwimmt.

45. Die Geschwindigkeit des Modells müßte 500 km/h betragen.

47. $T.F. = 2,7$.

48. $T.F. = 1,1$.

50. 116 PS.

51. 4,2 PS.

52. a) 0,64.

b) 29,8 m/s.

c) 9,7 kg/m².

d) $T.F. = 1,31$.

e) $R_{max} = 735\,000$.

53. a) 62 m/s.

b) 15,85 m/s.

c) 5,7 kg.

d) 86,5 kg.

56. $c_{wTr} = 0,0163$.

57. Erhöhung des Randwiderstandes um 77,5%.

59. $F_{T_i} = 17,25$ m².
62. 1,45 m/s.
64. Durch die Flächenvergrößerung wird der Landeanstellwinkel um 0,56⁰ vergrößert. Ausgeführt muß der kleinere Landeanstellwinkel $\alpha_{max} = 12,34^0$ werden, da das Flugzeug sonst bei normaler Tragfläche keine Dreipunktlandung machen könnte.
65. 5,68 m.
67. a) 120 cm Spannweite und 30 cm Flügeltiefe.
    b) Der Nullanstellwinkel ist unabhängig vom Seitenverhältnis, bleibt ·also unverändert.
    c) Aus der Messung errechnet sich ein $\eta_p = 0,76$, während auf Grund des Dickenverhältnisses d/t sich ein $\eta_p = 0,875$ ergibt.
    d) 17,95⁰.
    e) $c_{w_i} = 0,0525$.
68. a) Nach Messung: $\eta_p = 0,886$. Als Funktion der Dicke d/t würde sich $\eta_p = 0,885$ ergeben.
    b) 4,85.
    c) $\alpha_0 = -1,5$.
    d) $A = 96$ kg.
    c) $W = 4,6$ kg.
70. Um 17 kg.
71. $N = 1655$ kg. $T = -411$ kg.
73. Das Verdrehmoment wächst um 220⁰/₀.
74. $v_{st} = 1435$ km/h, entspr. $q = 9920$ kg/m². Praktisch nicht möglich, da über der Schallgeschwindigkeit liegend ($t_m = 1,4$ m).
75. a) $c_{m_0} = 0,083$.
    b) $W = 16$ kg.
    c) $R = 13,57 \cdot 10^6$.
77. 1a. $N = 1665$ kg. $T = -243$ kg.
    1b. $N = 1375$ kg. $T = 284$ kg.
    2a. Das Druckmittel liegt in 34,2% der Flügeltiefe, bei dem angenommenen druckpunktfesten Profil hingegen in 25,6%.
    2b. $e = 94,1\%$ gegenüber 30,6% beim druckpunktfesten Profil.

3a. $R = 1680$ kg.

3b. $R = 1400$ kg.

4a. $M = 1135$ mkg.

4b. $M = 2590$ mkg.

78. a) 2,2%.

 b) 20,8%.

 c) $B\,106\,R$ ist das bei weitem druckpunktfestere Profil.

80. a) $T.F. = 2,7.$ $(R_{kr} = 1,5 \cdot 10^5)$.

 b) $R_{eff} = 1,26 \cdot 10^6$.

81. a) $D = 1,07$ m.

 b) Das Modellseitenverhältnis 1:6 kann nicht verwirklicht werden, wenn die Flügeltiefe von 26 cm beibehalten werden soll.

 c) 1710 kg/m².

83. $c_{ws} = 0,011$.

85. Widerstand des Motorflugzeuges: $W = 102$ kg.

 » » Segelflugzeuges: $W = 15,5$ kg.

 » » Schleppseiles: $W = 4,5$ kg.

 Gesamtwiderstand des Schleppzuges: $W_g = 122$ kg.

86. 28%.

88. Bei vorderster S-Lage: $P_H = -\,3690$ kg.

 Bei hinterster S-Lage: $P_H = -\,356$ kg.

90. Die Platte muß 2,36 m² groß sein.

92. Das Profil Gö 535 ergibt die besseren Werte: $c_a/c_{wp} = 32,7$ und eine kleinste Sinkgeschwindigkeit $\omega_{s\,min} = 0,492$ m/s. (Die entsprechenden Werte für Profil Gö 523 lauten: $c_a/c_{wg\,max} = 27,85$ und $w_{s\,min} = 0,55$ m/s.)

93. a) $G_{max} = 570$ kg.

 b) $E_{max} = 26,1$.

94. a) $\left(\dfrac{c_a^{\,3}}{c_{wg}^{\,2}}\right)_{max} = 550$.

 b) $c_{wp} = 0,0282$.

96. $P_H = -\,460$ kg.

97. $c_{wp} = 0,015$ ist mindestens erforderlich. Diese Bedingung erfüllen die Profile Gö 523, Gö 535 und Gö 652.

98. 13,5%.

99. Um 900%.

101. Erste Näherung mit $c_{a_{max}} = 1,57 : v_L = 141$ km/h.
     Zweite »   » $c_{a_{max}} = 1,66 : v_L = 137$ km/h.

102. Da nur ein $c_{a_{max}} = 1,27$ erforderlich ist, kann auf Lande-klappen verzichtet werden.

103. $R_{eff} = 7,1 \cdot 10^6$, also ist die Strömung überkritisch! $(R_{kr} = 4,05 \cdot 10^6)$.

104. a) 53 km/h.
    b) Die beste Gleitzahl liegt zwischen $\alpha = 0,45^0$ und $1,66^0$, also ungefähr bei $\alpha = 1^0$.
    c) $v = 60$ km/h $(w_{s_{min}} = 0,71$ m/s$)$.

105. a) $G/F_{Tr} = 70$ kg/m².
    b) $\alpha_0 = -1,5^0$.
    c) $P_H = -300$ kg.
    d) $c_{a_{max}} = 1,79$.

106. a) $E_{max} = 29,2$ bei $v = 65$ km/h.
    b) $w_{s_{min}} = 0,6$ m/s.
    c) $v_L = 49$ km/h.

107. a) $E_{max} = 34$ bei $v = 19,7$ m/s $= 71$ km/h.
    b) $w_{s_{min}} = 0,57$ m/s bei $v = 17,1$ m/s $= 61,5$ km/h.
    c) $v_L = v_{min} = 13,7$ m/s $= 49,4$ km/h.
    d) $v_{end} = 490$ km/h.

108. a) $E_{max} = 33,4$ bei $v = 85,5$ km/h.
    b) $w_{s_{min}} = 0,7$ m/s.
    c) $v_L = 60$ km/h.
    d) $v_{end} = 582$ km/h.

108a. a) $E_{max} = 34$ bei $v = 67$ km/h.
     b) $w_{s_{min}} = 0,554$ m/s bei $v = 60$ km/h.
     c) $v_L = 48$ km/h.
     d) $v_{end} = 474$ km/h.

110. a) 660 PS.
    b) v_h erhöht sich auf 404 km/h, also um 26%.
    c) $v_{end} = 605$ km/h.

111. a) $v_h = 280$ km/h.
    b) $v_L = 106$ km/h.
    c) $c_{wg} = 0,0263$.

112. a) Im Waagerechtflug muß $A = G$ sein, also $A = 1100$ kg. Der zugehörige Anstellwinkel beträgt $\alpha = 1,29^0$.

b) $N_{erf} = 186$ PS.

c) $W_g = 130$ kg.

113. a) $G/F_{Tr} = 79$ kg/m².

b) $N_{erf} = 340$ PS.

114. Die Waagerechtgeschwindigkeit würde sich auf 385 km/h erhöhen, also um 9%, während die Motorleistung um 30% gesteigert wurde.

115. a) $F_{Tr} = 12,4$ m².

b) Sturzflugendgeschwindigkeit des Segelflugzeuges: $v_{end} = 390$ km/h, während der Motorsegler 440 km/h erreichen würde, also etwa 13% mehr.

c) Landegeschwindigkeit des Segelflugzeuges: $v_L = 46$ km/h.

Landegeschwindigkeit des Motorseglers: $v_L = 64$ km/h. Das bedeutet eine Erhöhung um 39%!

116. a) $N_{erf} = 1,13$ PS.

b) 96 m.

117. $N_{erf} = 2160$ PS.

119. a) $F_{Tr} = 24,5$ m².

b) $N_{erf} = 400$ PS.

c) $v_{end} = 563$ km/h.

120. $c_{ws} = 0,0124$.

122. Ein Motor muß am Boden 540 PS leisten.

124. Der Flug mit 210 km/h ermöglicht die größere Reichweite.

125. Die Reichweite beträgt 2400 km, so daß etwa 1000 km in das Land des Gegners hineingeflogen werden kann.

126. Die Reichweite beträgt 1700 km, so daß nur 650 km weit in das Land des Gegners hineingeflogen werden darf.

128. Die Flugdauer erhöht sich um 41%.

130. 123 PS.

131. $(c_a^3/c_{wg}^2)_{max} = 169$.

133. $c_{wg} = 0,0431$.

135. $N_g = 715$ PS für einen Motor.

136. Die Gipfelhöhe ergibt sich zu Null, d. h. es kann gerade die durch den Startschwung erreichte Höhe eingehalten werden.

137. a) $v_h = 360$ km/h.
 b) $v_h' = 437$ km/h.
 c) $v_h' = 450$ km/h.
 d) $w_{max} = 3,82$ m/s.
 e) $z_g = 10500$ m.
140. $t = 1$ h 5 min 8 s.
141. $t = 1$ h 46 min 27 s.
143. $s_1 = 1744$ m; $s_2 = 256$ m.
144. a) $c_{ah} = 0,123$.
 b) $N_{max} = 945$ PS.
 c) $v_h' = 378$ km/h.
 d) $t = 44$ min 40 s.
 e) $s_2 = 87$ m. Also darf s_1 höchstens 513 m lang werden.
145. Die Startstrecke wird unzulässig lang, da sich in 2000 m Höhe bereits eine Rollstrecke $s_1 = 620$ m ergibt.
147. $b = 63$ m/s².
149. Der Stab entspricht n i c h t den Festigkeitsforderungen, da die vorhandene Sicherheit gegen Knicken nur $j = 1,7$ beträgt!
150. $b = 123,7$ m/s².
152. W_g muß um 20% erhöht werden!
153. $P_H = - 607$ kg.
154. a) $G/F_{Tr} = 146$ kg/m².
 b) $c_{wg} = 0,0557$.
 c) $c_{ws} = 0,0453$.
 d) $c_{a\,max} = 2,5$. Dazu sind Landeklappen erforderlich!
155. Bgr. 4: $\bar{q} = 2,25 \cdot q_h = 1390$ kg/m².
 Bgr. 5: $\bar{q} = q_{end} = 1970$ kg/m².
157. Zwischen $v_A = 256$ km/h und $v_B = 496$ km/h.
158. $G_{max} = 1220$ kg.
159. $v_A = 184$ km/h.
160. $n_{Tr} = 2,004$.
162. Lastfall 100: $\bar{q} = q_{end} = 2470$ kg/m².
 Lastbereich 105: $n_{Tr}(A) = 6,5$; $q(A) = 704$ kg/m².
 $n_{Tr}(B) = 6,5$; $q(B) = 1975$ kg/m²; $c_a(B) = 0,284$.
 Lastbereich 110: $n_{Tr}(D) = 3,25$; $q(D) = 1975$ kg/m²;
 $c_a(D) = - 0,142$. $n_{Tr}(E) = 3,25$; $q(E) = 400$ kg/m².

163. a) Fall 100: $\bar{q} = 2{,}25 \cdot q_h = 2{,}25 \cdot 320 = 720$ kg/m².
  Bereich 105: $n_{T_r}(A) = 4$; $q(A) = 163$ kg/m².
  $n_{T_r}(B) = 4$; $q(B) = 575$ kg/m²; $c_a(B) = 0{,}417$.
  b) Bereich 110: $n_{T_r}(D) = 3$; $q(D) = 1311$ kg/m²;
  $c_a(D) = -0{,}137$; $n_{T_r}(E) = 3$; $q(E) = 300$ kg/m².

164. a) $G/F_{T_r} = 32{,}2$ kg/m².
) Lastbereich 110: $n_{T_r}(D) = 2$; $q(D) = 419$ kg/m²
  $c_a(D) = -0{,}154$. $n_{T_r}(E) = 2$; $q(E) = 103$ kg/m².

165. Zu $n_{T_r}(110) = 3{,}5$ gehört ein $n_{T_r}(105) = 7$, also bereits die höchste Grenze, die auch durch Erhöhung von q_h nicht verändert wird.

167. $n_{st} = 5{,}35$.

169. a) $v_h = 342$ km/h.
  b) $\bar{n}_{T_r} = 6{,}37$.
  c) $c_a(B) = 0{,}255$, $\alpha(B) = 1{,}95^0$.
  d) $n_{T_r}(115) = 3{,}52$.

170. a) $n_{T_r}(115) = 3{,}16$; $c_a(115) = 0{,}538$.
  $n_{T_r}(117) = 1{,}16$; $c_a(117) = -0{,}1972$.
  b) $z_\varrho = 9500$ m.
  c) 44%.
  d) $\bar{q} = 1310$ kg/m².

171. a) $N_0 = 1035$ PS.
  b) $b = 9{,}35$ m.
  c) $M_{T_r} = 2365$ mkg. ($\bar{q} = 2{,}25 \cdot q_h = 2{,}25 \cdot 1270 = 2860$ kg/m².)
  d) $n_{T_r}(E) = 2{,}8$.
  e) $e = 0$, d. h. das Druckmittel liegt in Profilvorderkante.
  f) v_h in Bodennähe wird maßgebend, da N bis 4000 m konstant ist und das Produkt $\varrho \cdot v$ mit der Höhe abnimmt.
  g) $n_{T_r}(115) = 3{,}41$.
  $n_{T_r}(117) = 1{,}41$.

172 a) Lastfall 100: $\bar{q} = 776$ kg/m².
  Lastbereich 105: $n_{T_r}(105) = 4$; $q(A) = 214{,}5$ kg/m².
  $q(B) = 621$ kg/m², $c_a(B) = 0{,}445$.
  Lastbereich 110: $q(D) = 621$ kg/m², $n_{T_r}(110) = 2$;
  $c_a(D) = -0{,}2225$.
  $q(E) = 223$ kg/m².
  Lastfall 115: $n_{T_r}(115) = 3$; $c_a(115) = 0{,}6$.

173. b) n_{Tr} (115) = 3,2; c_a (115) = 0,451.

174. a) n_{Tr} (A) = n_{Tr} (115) = 3,38 (mit G_{max} berechnet!).
q (A) = 242 kg/m².
b) Mit G_{min} ergibt sich n_{Tr} (115)$_{max}$ = 4,1.
c) G_{min} erbringt n_{Tr} (117)$_{max}$ = 3,1.

176. Δp_H = 35,4 kg/m², entsprechend ΔP_H = 49,5 kg.

177. a) $p_{HBö}$ = ± 165 kg/m².
b) $p_{HBö}$ = ± 140 kg/m².
c) $p_{HBö}$ = ± 124 kg/m².
d) $p_{HBö}$ = ± 144 kg/m².

179. Lastfall 115: n_{Tr} = 3,5; c_a = 0,575.
Lastfall 117: n_{Tr} = 1,5; c_a = — 0,246.
Lastfall 119 u. 120: $p_{HBö}$ = ± 114 kg/m².
Lastfall 121a u. b: $p_{sBö}$ = ± 143 kg/m².

180. Lastfall 115: n_{Tr} = 4,54.
Lastfall 117: n_{Tr} = 2,54.
Lastfall 119 u. 120: $p_{HBö}$ = ± 114 kg/m² (unverändert!).
Lastfall 121 a u. b: $p_{sBö}$ = ± 143 kg/m² (unverändert!).

181. a) p_H (120) = — 19,7 — 87,7 = — 107,4 kg/m².
b) P_s (121 a u. b) = ± 65,6 kg.

183. Lastfall 122: n_{Tr} = 2,06; c_a = 1,79.
Lastfall 124: n_{Tr} = 0,06; c_a = — 0,052.
Lastfall 126: n_{Tr} = 1,81; q = 125 kg/m²; c_a = 0,87.

184. Lastfall 122: n_{Tr} = 2,5; c_a = 2,175.
Lastfall 124: n_{Tr} = 0,5; c_a = — 0,435.
Lastfall 126: n_{Tr} = 2,72; c_a = 1,31.

187. a) Rechte Leitwerkshälfte: p (β) = — 61,4 — 392 =
— 453,4 kg/m².
Linke   » p (β) = + 61,4 — 392 =
— 330,6 kg/m².
b) Rechte Leitwerkshälfte: M = — 10,7 mkg.
Linke   » M = — 367 mkg.

188. a) c_a (β) = — 0,078 + 0,266 = 0,188.
b) p_n (β) = — 49,4 — 168 = — 217,4 kg/m.
c) m = 93,5 kgm/m

191. a) M_{x_1} = 21450 mkg.
b) β_q = 0,164 (9,4°) in zweiter Näherung (η_β = 0,77).

192. a) $M_{a_t} = 452$ mkg.

    b) $dc_{mD}/d\omega_a = 0{,}00085$.

    c) $c_{aTr} = 0{,}193$.

194. a) $c_{mD} = \pm\,0{,}066$.

    b) $c_{aTr} = 1{,}3$.

196. a) $\beta_H\,(140,\ 141)_I = \pm\,0{,}193\ (\pm\,11^0)$.

      $\beta_H\,(140,\ 141)_{II} = \pm\,0{,}06\ (\pm\,3{,}44^0)$.

    b) $\beta_H\,(142,\ 143)_I = \mp\,0{,}188\ (\mp\,10{,}8^0)$.

      $\beta_H\,(142,\ 143)_{II} = \mp\,0{,}0583\ (\mp\,3{,}34^0)$.

    Diese Ruderausschläge sind kleiner als die in den Fällen 140, 141 erforderlichen, also reicht die Ausschlagbegrenzung aus.

197. a) $\beta_H = \pm\,0{,}381\ (\pm\,21{,}8^0)$.

    b) $\alpha_H = \pm\,0{,}603\ (\pm\,34{,}6^0)$.

    c) $P = \pm\,1255$ kg.

199. a) $p_s\,(145\mathrm{a\ u.\ b}) = 3 \cdot q_{min} = \pm\,72$ kg/m².

    b) $\beta_s\,(145\mathrm{a\ u.\ b}) = \pm\,0{,}183\ (10{,}5^0)$.

    c) $p_s\,(146\mathrm{a\ u.\ b}) = 0{,}9 \cdot q_{min} = \pm\,21{,}5$ kg/m².

    d) $\alpha_s = \pm\,0{,}4\ (\pm\,22{,}9^0)$.

200. a) $\beta_s = \pm\,0{,}341\ (\pm\,19{,}6^0)$.

    b) $\alpha_s = \pm\,0{,}465\ (\pm\,26{,}6^0)$.

    c) $P = \pm\,741$ kg.

Anhang.

1. Meßergebnisse einiger gebräuchlicher Profile.

(Sämtliche Angaben beziehen sich auf $\lambda = 0$!)

a) Profile für Motorflugzeuge.

NACA 23 012

Annähernd druckpunktfestes Profil ($c_{m_0} = 0,009$) mit geringem Profilwiderstand und hohem $c_{a\,max}$.

($c_{a\,max}$ in Abhängigkeit von der effektiven Reynoldsschen Zahl für die verschiedenen Dickenverhältnisse der Profilreihe 230 — siehe Anhang, S. 171).

c_a	c_{wp}	α_p	c_m
—0,1	0,0082	—2,35	—0,016
0	0,0076	—1,3	0,009
0,1	0,0072	—0,25	0,034
0,2	0,0072	+0,80	0,059
0,4	0,0078	2,85	0,109
0,6	0,0092	4,90	0,159
0,8	0,0108	7,00	0,209
1,0	0,0122	9,05	0,259
1,2	0,0140	11,05	0,309
1,3	0,0154	12,05	0,334
1,4	0,0194	13,10	0,359
1,47	0,035	14,00	0,3765
1,45	0,045	14,60	—

$R_{\text{Messung}} = 4,3 \cdot 10^6$

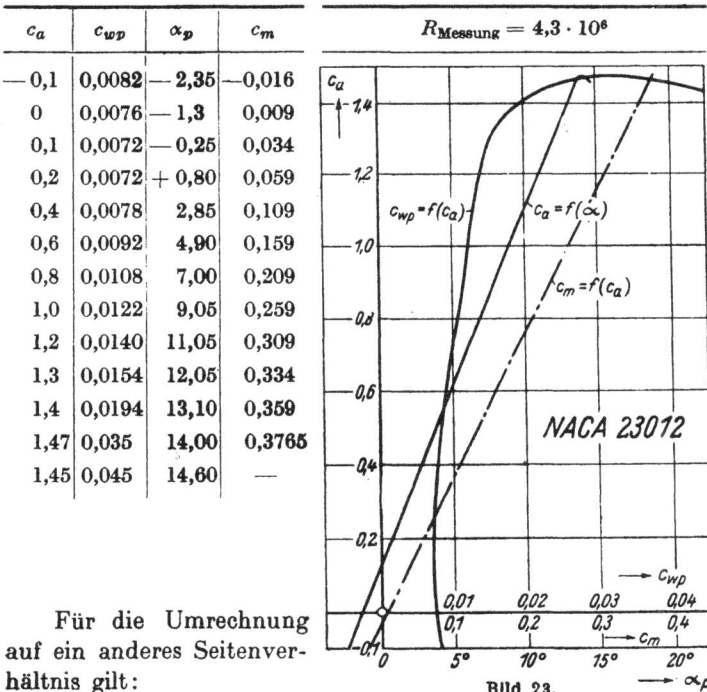

Bild 23.

Für die Umrechnung auf ein anderes Seitenverhältnis gilt:

$$c_{w_{Tr}} = c_{wp} + c_{wi} = c_{wp} + \frac{c_a^2}{\pi} \cdot \lambda$$

$$\alpha_{Tr} = \alpha_p + \alpha_i = \alpha_p + \frac{c_a}{\pi} \cdot \lambda \cdot 57,3.$$

NACA 2416

16% Dicke ($c_{m_0} = 0,045$).

($c_{a\,max}$ in Abhängigkeit von der effektiven R-Zahl für die Profilreihe 2408 bis 2421 (9 bis 21% Dicke) siehe Anhang, Bild 44).

c_a	c_{wp}	α_p
— 0,195	0,0138	— 5,0
— 0,030	0,0113	— 2,87
+ 0,144	0,0118	— 0,76
0,318	0,0119	+ 1,35
0,484	0,0161	3,49
0,663	0,0170	5,57
0,846	0,0210	7,53
1,005	0,0268	9,71
1,147	0,074	14,96
1,097	0,142	18,3

$R_{\text{Messung}} = 0,67 \cdot 10^6$

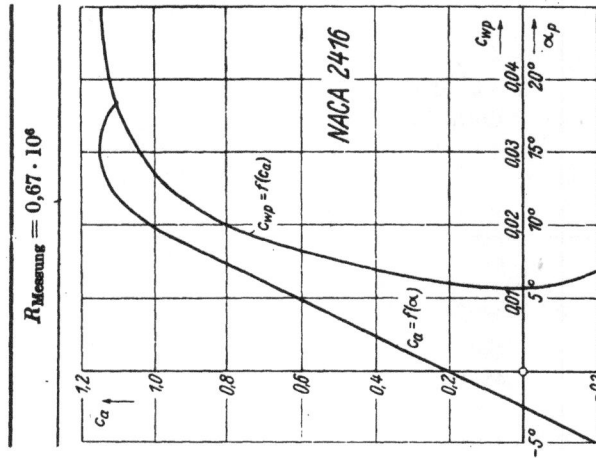

Bild 24.

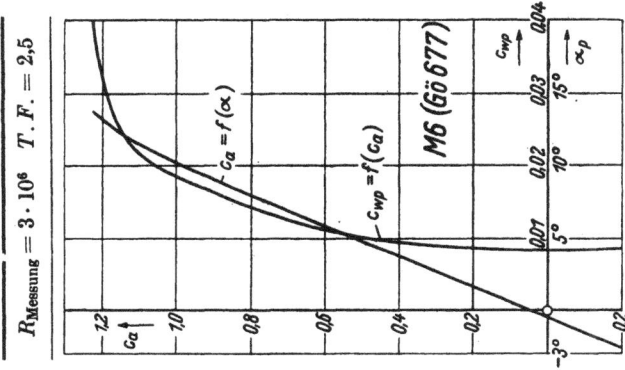

Bild 25.

M 6 (Gö 677)

11,94% Dicke ($c_{m_0} = -0,012$).

c_a	c_{wp}	α_p	c_m
— 0,2	0,0087	— 2,6	— 0,060
— 0,1	0,0086	— 1,6	— 0,037
0	0,0085	— 0,5	— 0,012
+ 0,1	0,0086	+ 0,6	+ 0,011
0,2	0,0088	1,7	0,035
0,3	0,0091	2,7	0,058
0,4	0,0096	3,8	0,081
0,5	0,0103	4,9	0,105
0,6	0,0113	5,9	0,128
0,7	0,0128	7,0	0,151
0,8	0,0144	8,1	0,175
0,9	0,0164	9,2	0,198
1,0	0,0187	10,3	0,220
1,1	0,0217	11,4	0,242
1,2	0,0320	13,2	0,276
1,222	0,0397	13,8	0,292

M 12 (Gö 676) (Amerikanische Messung).

(Göttinger Meßergebnisse, siehe Jaeschke Bd. I, S. 69).

11,94% Dicke ($c_{m_o} = 0,004$). Praktisch druckpunktfest!

c_a	c_{wp}	α_p	c_m
− 0,1	0,0090	− 2,3	− 0,016
0	0,0089	− 1,3	+ 0,004
+ 0,1	0,0090	− 0,2	0,031
0,2	0,0092	+ 0,8	0,066
0,3	0,0094	1,9	0,080
0,4	0,0099	2,9	0,105
0,5	0,0106	4,0	0,130
0,6	0,0114	5,0	0,154
0,7	0,0125	6,1	0,179
0,8	0,0138	7,1	0,204
0,9	0,0153	8,2	0,229
1,0	0,0172	9,4	0,254
1,1	0,0202	10,7	0,283
1,2	0,0254	12,2	0,314
1,293	0,0389	14,1	0,346

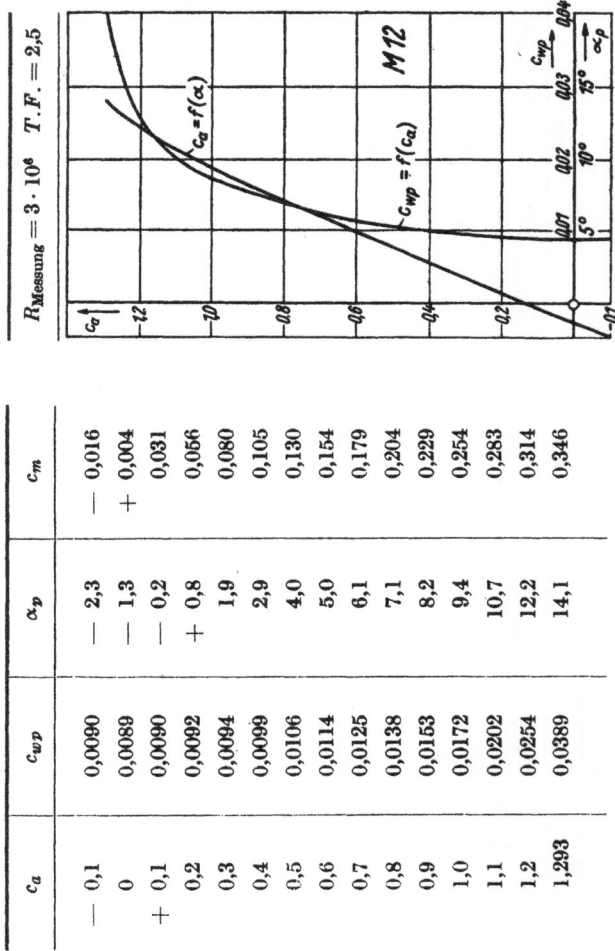

$R_{\text{Messung}} = 3 \cdot 10^6$ $T.F. = 2,5$

Bild 26.

Boeing 106 R (B 106 R) (Amerikanische Messung). 12,01% Dicke ($c_{m_0} = 0$). Druckpunktfest!

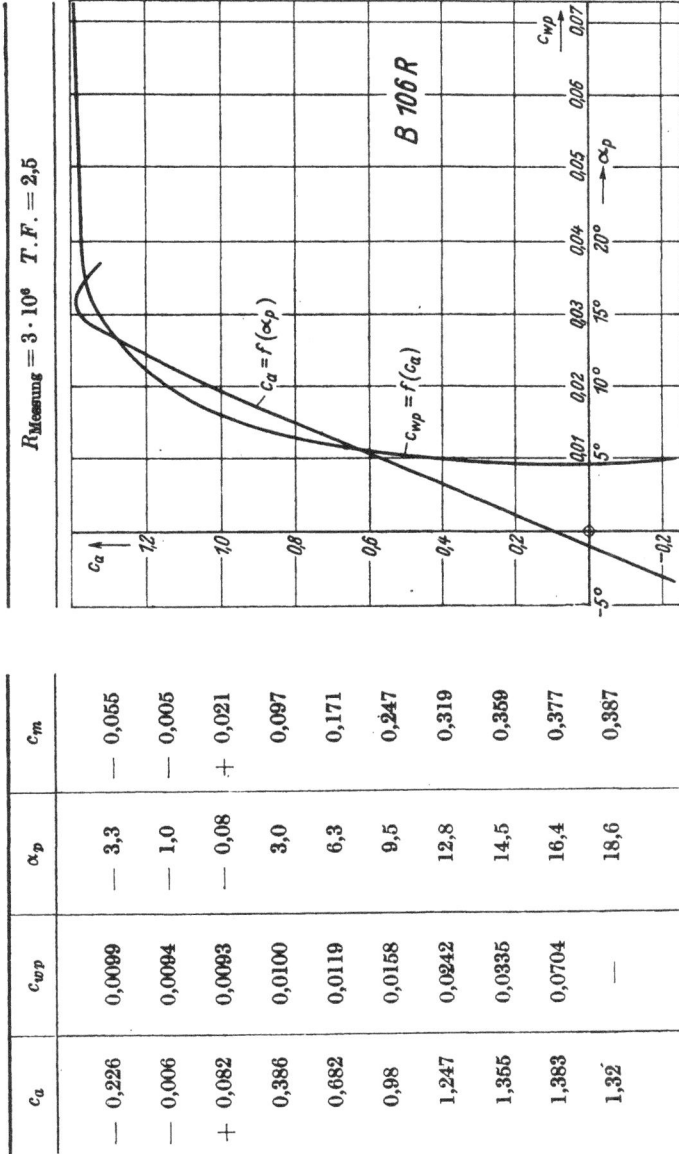

$R_{\text{Messung}} = 3 \cdot 10^6$ $T.F. = 2,5$

B 106 R

$c_a = f(\alpha_p)$

$c_{wp} = f(c_a)$

Bild 27.

c_a	c_{wp}	α_p	c_m
— 0,226	0,0099	— 3,3	— 0,055
— 0,006	0,0094	— 1,0	— 0,005
+ 0,082	0,0093	— 0,08	+ 0,021
0,386	0,0100	3,0	0,097
0,682	0,0119	6,3	0,171
0,98	0,0158	9,5	0,247
1,247	0,0242	12,8	0,319
1,355	0,0335	14,5	0,359
1,383	0,0704	16,4	0,377
1,32	—	18,6	0,387

$R_{\text{Messung}} = 3 \cdot 10^6$ $T.F. = 2,5$

B 106

$c_a = f(\alpha_p)$

$c_{wp} = f(c_a)$

$\longrightarrow c_{wp}$ $0,05$
$\longrightarrow \alpha_p$

$0,01$ $0,02$ $0,03$ $0,04$
$5°$ $10°$ $15°$ $20°$

c_a
$1,4$ $1,2$ $1,0$ $0,8$ $0,6$ $0,4$ $0,2$ $-0,2$

$-5°$

Bild 28.

Boeing 106 (B 106) (Amerikanische Messung).

13,06% Dicke ($c_{m_0} = 0,05$).

c_a	c_{wp}	α_p	c_m
— 0,231	0,0108	— 5,2	0,002
— 0,084	0,0102	— 3,6	0,031
+ 0,064	0,0098	— 2,0	0,061
0,22	0,0097	— 0,6	0,106
0,37	0,0098	+ 1,2	0,138
0,517	0,0106	2,8	0,175
0,813	0,0127	6,0	0,25
1,095	0,017	9,3	0,32
1,352	0,0256	12,6	0,389
1,535	0,0533	16,1	0,448
1,494	—	18,2	0,456

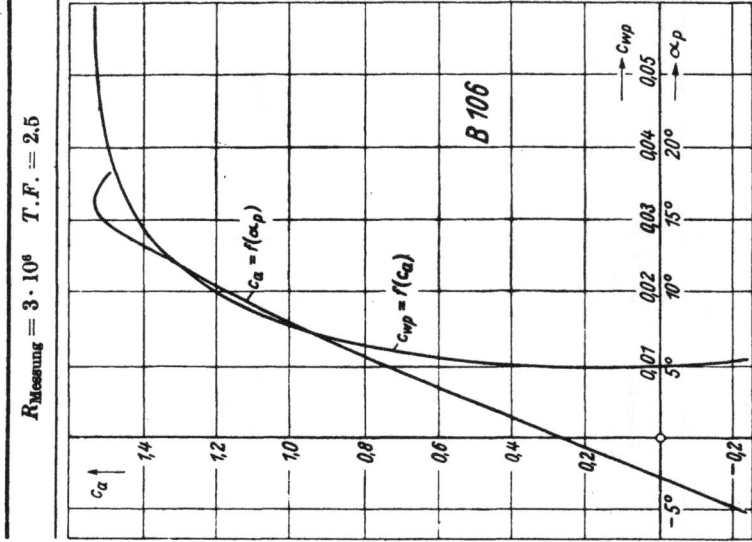

(Nach Flugsport, Profilsammlung Nr. 4, S. 17.)

Gö 617 (Göttinger Messung, umgerechnet auf $\lambda = 0$).

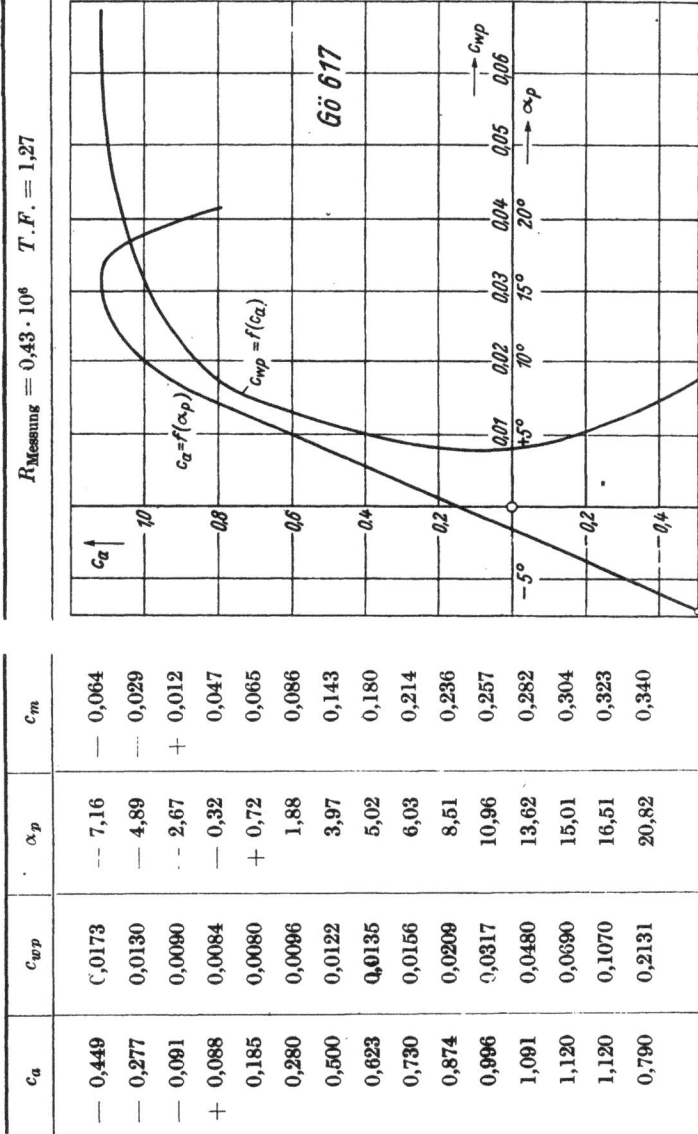

14% Dicke ($c_{m_o} = 0,03$).

$R_{\text{Messung}} = 0,43 \cdot 10^6$ $T.F. = 1,27$

Gö 617

$c_a = f(\alpha_p)$

$c_{wp} = f(c_a)$

$\longrightarrow c_{wp}$

$\longrightarrow \alpha_p$

Bild 29.

c_a	c_{wp}	α_p	c_m
− 0,449	0,0173	− 7,16	− 0,064
− 0,277	0,0130	− 4,89	− 0,029
− 0,091	0,0090	− 2,67	+ 0,012
+ 0,088	0,0084	− 0,32	0,047
0,185	0,0080	+ 0,72	0,065
0,280	0,0096	1,88	0,086
0,500	0,0122	3,97	0,143
0,623	0,0135	5,02	0,180
0,730	0,0156	6,03	0,214
0,874	0,0209	8,51	0,236
0,996	0,0317	10,96	0,257
1,091	0,0480	13,62	0,282
1,120	0,0690	15,01	0,304
1,120	0,1070	16,51	0,323
0,790	0,2131	20,82	0,340

Gö 676 (M 12) (Göttinger Messung, umgerechnet auf $\lambda = 0$).
11,94% Dicke ($c_{m_0} = 0,025$).

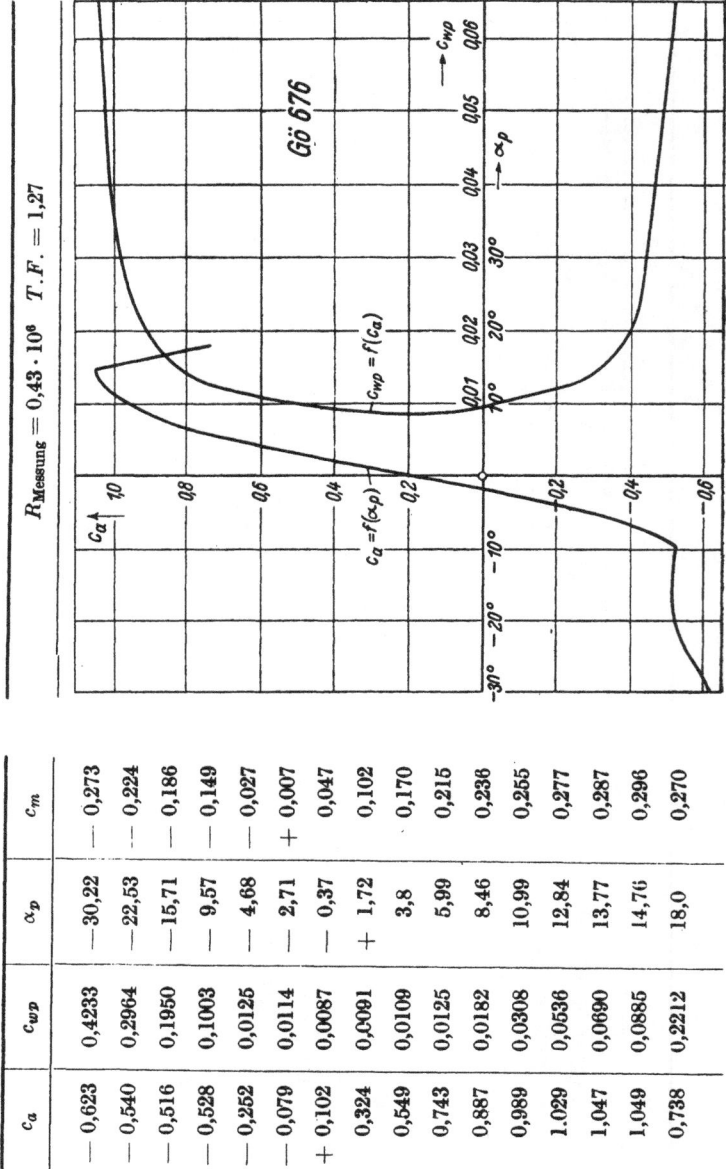

$R_{\text{Messung}} = 0,43 \cdot 10^6$ $T.F. = 1,27$

Bild 30.

c_a	c_{wp}	α_p	c_m
− 0,623	0,4233	− 30,22	− 0,273
− 0,540	0,2964	− 22,53	−| 0,224
− 0,516	0,1950	− 15,71	− 0,186
− 0,528	0,1003	− 9,57	− 0,149
− 0,252	0,0125	− 4,68	− 0,027
− 0,079	0,0114	− 2,71	+ 0,007
+ 0,102	0,0087	− 0,37	0,047
0,324	0,0091	+ 1,72	0,102
0,549	0,0109	3,8	0,170
0,743	0,0125	5,99	0,215
0,887	0,0182	8,46	0,236
0,989	0,0308	10,99	0,255
1.029	0,0536	12,84	0,277
1,047	0,0690	13,77	0,287
1,049	0,0885	14,76	0,296
0,738	0,2212	18,0	0,270

$R_{Messung} = 0.43 \cdot 10^6$ T.F. = 1,27

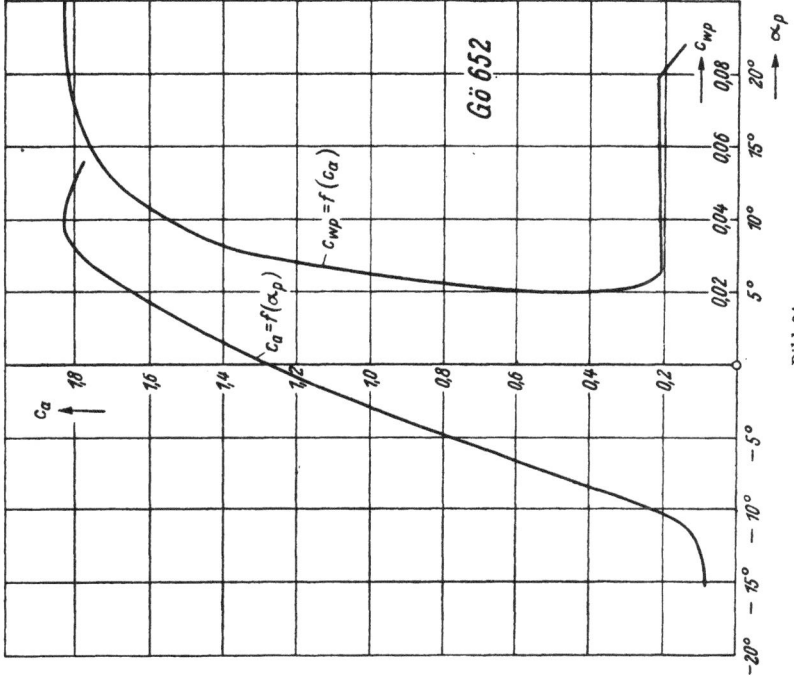

Bild 31.

b) Profile für Gleit- und Segelflug-
zeuge.

Gö 652 (Göttinger Messung, umgerechnet auf $\lambda = 0$). 15,4% Dicke, sehr
stark gewölbt.

c_a	c_{wp}	α_p	c_m
0,087	0,1355	—15,32	0,070
0,108	0,0945	—12,39	0,121
0,146	0,0884	—11,63	0,135
0,213	0,0786	—10,38	0,161
0,205	0,0261	— 9,85	0,258
0,291	0,0218	— 9,06	0,293
0,471	0,0200	— 7,92	0,346
0,703	0,0210	— 5,86	0,412
0,915	0,0241	— 3,64	0,473
1,131	0,0275	— 1,53	0,530
1,333	0,0305	+ 0,63	0,582
1,510	0,0385	2,99	0,627
1,673	0,048	5,29	0,670
1,794	0,068	7,85	0,700
1,827	0,106	10,63	0,707
1,774	0,162	13,91	0,691

Gö 655 (Göttinger Messung, umgerechnet auf $\lambda = 0$).

$R_{\text{Messung}} = 0{,}43 \cdot 10^6 \quad T.F. = 1{,}27$

c_a	c_{wp}	α_p	c_m
— 0,159	0,0172	— 8,32	0,043
+ 0,038	0,0126	— 6,14	0,087
0,236	0,0101	— 3,96	0,134
0,434	0,0110	— 1,68	0,180
0,634	0,0110	+ 0,49	0,229
0,833	0,0123	2,66	0,282
1,023	0,0178	4,86	0,332
1,198	0,0256	7,23	0,377
1,340	0,0385	9,61	0,412
1,391	0,0637	11,43	0,439
1,390	0,0830	12,44	0,438
1,363	0,1584	15,53	0,465

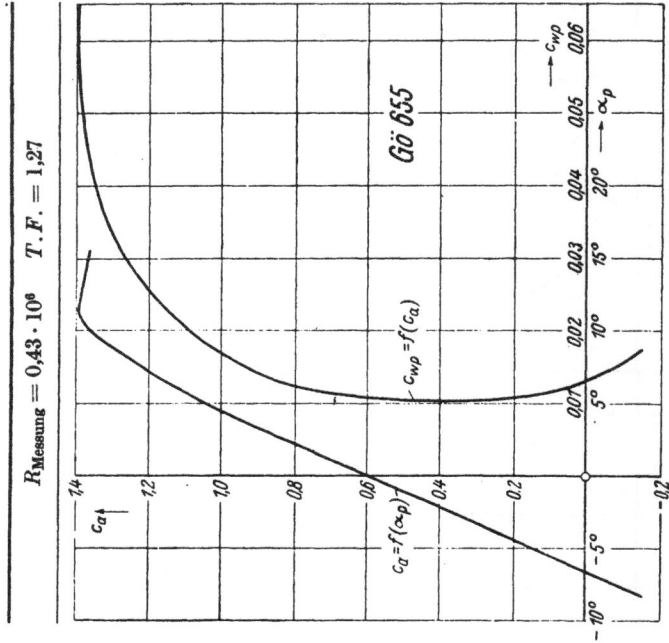

Bild 32.

$R_{Messung} = 0,43 \cdot 10^5$ $T.F. = 1,27$

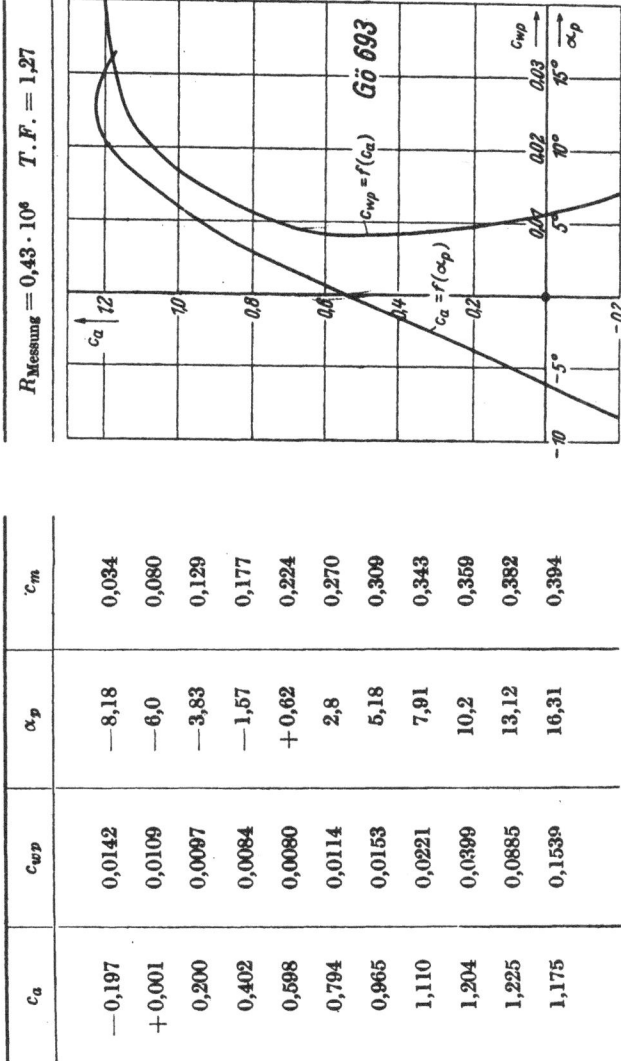

Bild 33.

Gö 693 (Göttinger Messung, umgerechnet auf $\lambda = 0$).
12% Dicke ($c_{m_o} = 0,08$). Gutes Segelflugzeugprofil.

c_a	c_{wp}	α_p	c_m
—0,197	0,0142	—8,18	0,034
+0,001	0,0109	—6,0	0,080
0,200	0,0097	—3,83	0,129
0,402	0,0084	—1,57	0,177
0,698	0,0080	+0,62	0,224
0,794	0,0114	2,8	0,270
0,965	0,0153	5,18	0,309
1,110	0,0221	7,91	0,343
1,204	0,0399	10,2	0,359
1,225	0,0885	13,12	0,382
1,175	0,1539	16,31	0,394

Gö 701 (Göttinger Messung, umgerechnet auf $\lambda = 0$).

13,45% Dicke ($c_{m_0} = 0,08$).

$R_{\text{Messung}} = 0,43 \cdot 10^6$ $T.F. = 1,27$

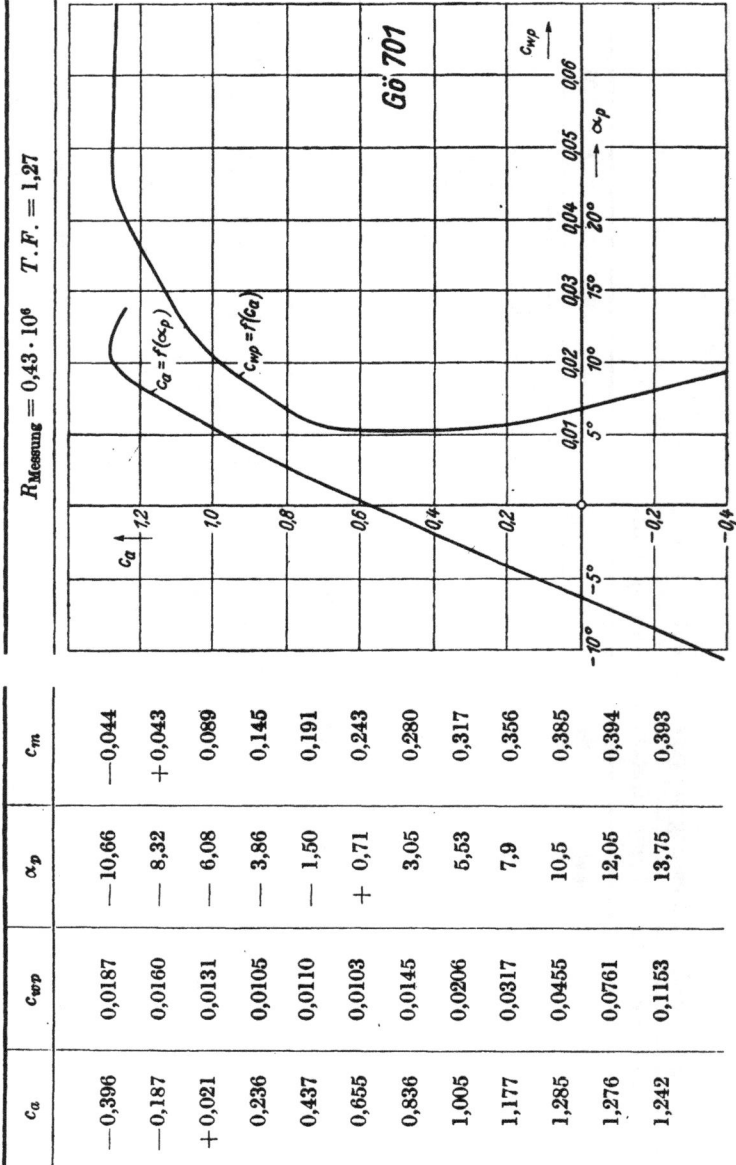

Bild 34.

c_a	c_{wp}	α_p	c_m
−0,396	0,0187	−10,66	−0,044
−0,187	0,0160	−8,32	+0,043
+0,021	0,0131	−6,08	0,089
0,236	0,0105	−3,86	0,145
0,437	0,0110	−1,50	0,191
0,655	0,0103	+0,71	0,243
0,836	0,0145	3,05	0,280
1,005	0,0206	5,53	0,317
1,177	0,0317	7,9	0,356
1,285	0,0455	10,5	0,385
1,276	0,0761	12,05	0,394
1,242	0,1153	13,75	0,393

Gö 723 (Göttinger Messung, umgerechnet auf $\lambda = 0$).
14,4% Dicke ($c_{m_o} = 0,1$). Gleitflugzeugprofil.

$R_{\text{Messung}} = 0,43 \cdot 10^6 \quad T.F. = 1,27$

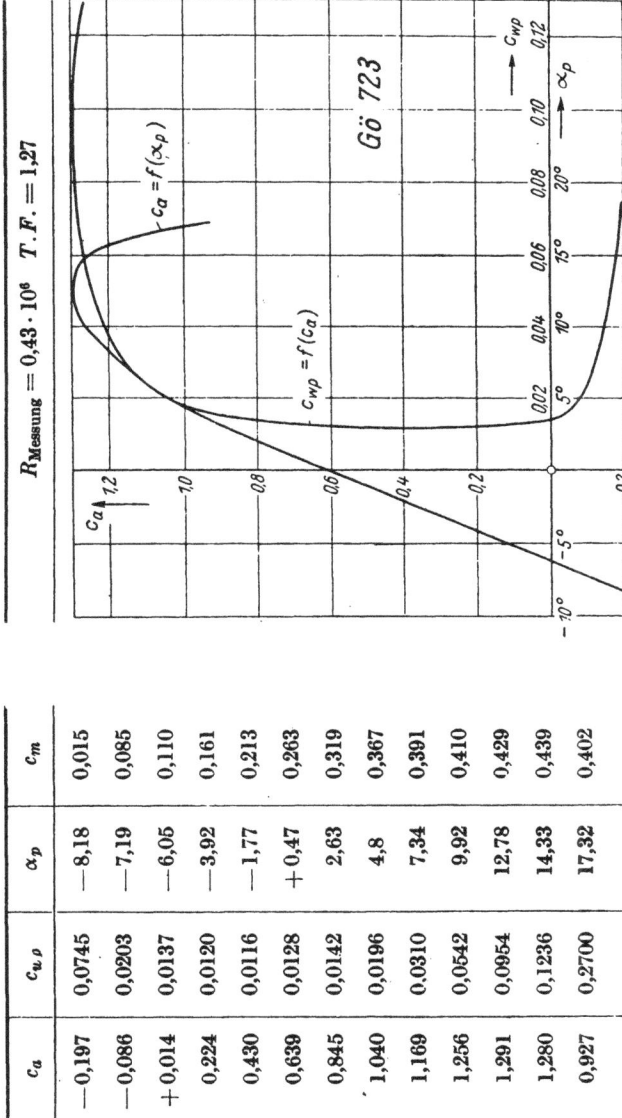

Bild 35.

c_a	c_{w_p}	α_p	c_m
—0,197	0,0745	—8,18	0,015
—0,086	0,0203	—7,19	0,085
+0,014	0,0137	—6,05	0,110
0,224	0,0120	—3,92	0,161
0,430	0,0116	—1,77	0,213
0,639	0,0128	+0,47	0,263
0,845	0,0142	2,63	0,319
1,040	0,0196	4,8	0,367
1,169	0,0310	7,34	0,391
1,256	0,0542	9,92	0,410
1,291	0,0954	12,78	0,429
1,280	0,1236	14,33	0,439
0,927	0,2700	17,32	0,402

Gö 535 (Göttinger Messung, umgerechnet auf $\lambda = 0$). 16% Dicke ($c_{m_0} = 0{,}125$).

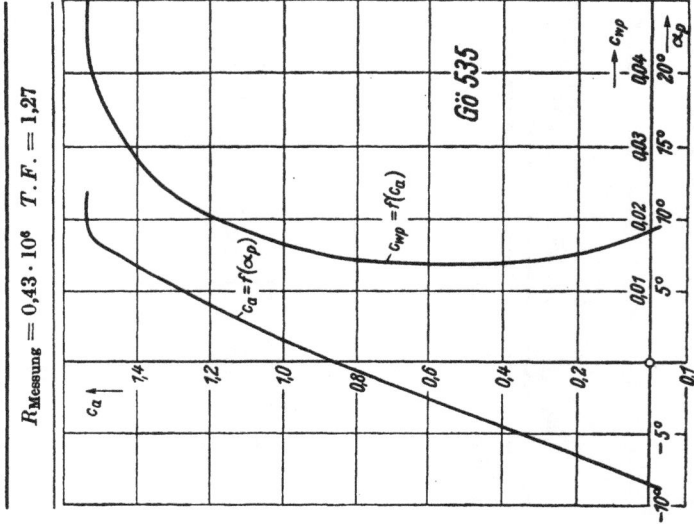

$R_{\text{Messung}} = 0{,}43 \cdot 10^6$ $T.F. = 1{,}27$

Bild 36.

c_a	c_{wp}	α_p	c_m
−0,035	0,0190	− 8,87	0,113
+ 0,179	0,0154	− 6,75	0,166
0,286	0,0145	− 5,64	0,193
0,388	0,0138	− 4,51	0,216
0,500	0,0134	− 3,52	0,244
0,605	0,0137	− 2,41	0,268
0,715	0,0139	− 1,41	0,298
0,820	0,0141	− 0,3	0,326
0,925	0,0152	+ 0,82	0,350
1,025	0,0168	1,86	0,376
1,211	0,0205	4,18	0,424
1,390	0,0275	6,43	0,472
1,530	0,0413	8,81	0,507
1,535	0,0958	11,8	0,526

c) Profile (symmetrisch) für Leitwerke. -

M 2 (Amerikanische Messung).

8,13% Dicke ($c_{m_0} = -0{,}009$).

c_a	c_{wp}	α_p	c_m
0	0,0078	0	— 0,009
0,1	0,0079	1,1	+ 0,015
0,2	0,0082	2,1	0,040
0,3	0,0088	3,2	0,064
0,4	0,0094	4,2	0,088
0,5	0,0101	5,3	0,114
0,6	0,0111	6,4	0,136
0,7	0,0123	7,4	0,160
0,8	0,0140	8,5	0,184
0,85	0,0173	9,0	0,196
0,903	0,075	12,1	0,235

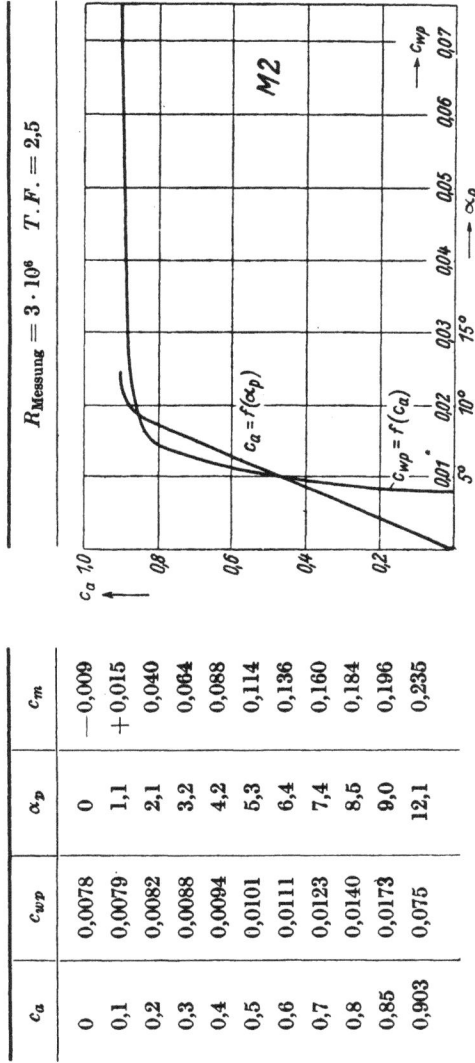

$R_{\text{Messung}} = 3 \cdot 10^6 \quad T.F. = 2{,}5$

Bild 37.

M 3 (Amerikanische Messung).

11,94% Dicke ($c_{m_0} = -0,019$).

c_a	c_{wp}	α_p	c_m
0	0,0088	0	—0,019
0,1	0,0090	1,1	+0,005
0,2	0,0095	2,1	0,030
0,3	0,0099	3,2	0,054
0,4	0,0105	4,2	0,078
0,5	0,0114	5,3	0,103
0,6	0,0126	6,4	0,127
0,7	0,0141	7,4	0,151
0,8	0,0159	8,5	0,176
0,9	0,0181	9,6	0,200
1,0	0,0209	10,6	0,224
1,069	0,0238	12,0	0,253

$R_{\text{Messung}} = 3 \cdot 10^6 \quad T.F. = 2,5$

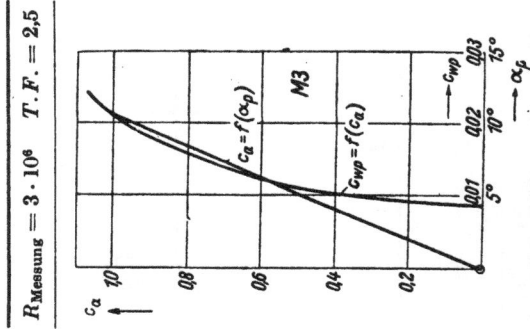

Bild 38.

$R_{\text{Messung}} = 0,43 \cdot 10^6 \quad T.F. = 1,27$

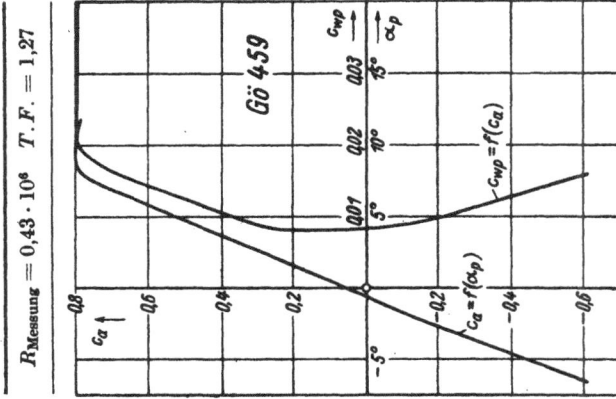

Bild 39.

Gö 459 (Göttinger Messung, umgerechnet auf $\lambda = 0$).
13% Dicke (symmetrisch, $c_{m_0} = 0$).

c_a	c_{wp}	α_p
—0,613	0,0158	—6,56
—0,370	0,0122	—4,55
—0,165	0,0091	—2,3
+0,029	0,0083	—0,11
0,226	0,0082	+2,07
0,431	0,0113	4,23
0,648	0,0152	6,44
0,799	0,0219	8,78
0,780	0,0992	11,85
0,642	0,1877	15,46

2. Kurven und Tafeln.

a) Zur Aerodynamik.

Wichtige Windkanalanlagen.

	Bauart	Strahl-ϕ in m	Strom-querschnitt in m²	v_{max} in m/s	N in PS	$T.F.$	
DVL, 1,2 m-Kanal	Freistrahl	1,2	1,13	70	230	1,125	Deutschland
DVL, 5×7 m-Kanal	"	5×7	27,4	65	2700	1,05	"
AVAG Göttingen	"	2,26	4	58	300	1,27	"
NACA-Überdruck	20 atü	1,52	1,8	21	254	2,5	USA.
" -Full Scale	Freistrahl	9,15×18,3	150	53	8000	1,1	"
Calcit Pasadena	"	3,05	7,3	77	760	1,23	"
Farnborogh	"	7,32	41	51,5	2000	—	England

Wichte und Dichte der Luft als Funktion der Höhe.

Höhe z in m	Wichte γ kg/m³	Dichte ϱ kg s²/m⁴	Höhe z in m	Wichte γ kg/m³	Dichte ϱ kg s²/m⁴	Höhe z in m	Wichte γ kg/m³	Dichte ϱ kg s²/m⁴
0	1,2255	0,1250	2500	0,957	0,0977	9000	0,466	0,0476
100	1,2139	0,1238	3000	0,909	0,0928	9500	0,439	0,0448
200	1,2022	0,1226	3500	0,864	0,0881	10000	0,413	0,0421
300	1,1907	0,1215	4000	0,819	0,0834			
400	1,1797	0,1203	4500	0,777	0,0793	11000	0,364	0,0371
500	1,1678	0,1191	5000	0,736	0,0751	12000	0,311	0,0317
600	1,1564	0,1180	5500	0,698	0,0712	13000	0,265	0,0271
700	1,1453	0,1168	6000	0,660	0,0673	14000	0,227	0,0231
800	1,1341	0,1157	6500	0,624	0,0636	15000	0,194	0,0198
900	1,1231	0,1146	7000	0,590	0,0601	16000	0,165	0,0169
1000	1,1121	0,1134	7500	0,557	0,0568	17000	0,141	0,0144
			8000	0,525	0,0536	18000	0,121	0,0124
1500	1,059	0,1080	8500	0,495	0,0505	19000	0,103	0,0105
2000	1,007	0,1027				20000	0,088	0,0090

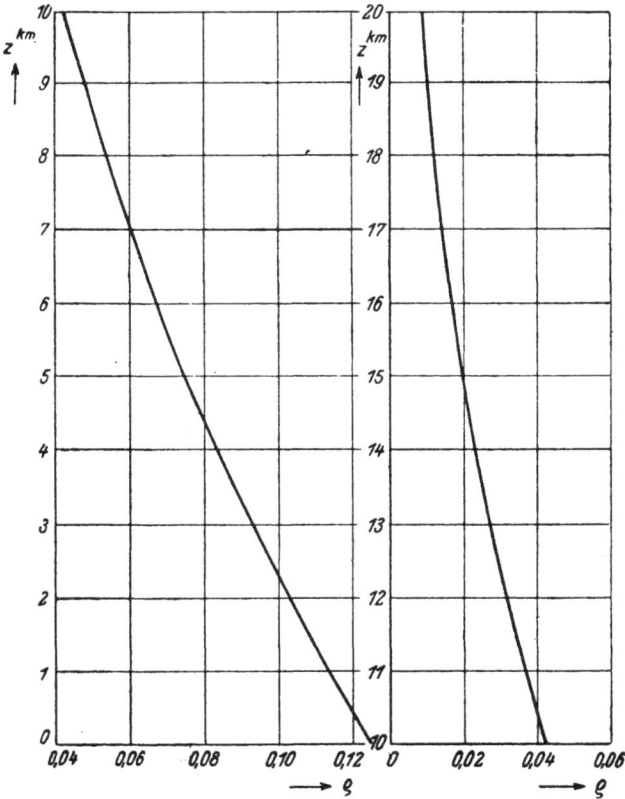

Bild 40.

Profilwiderstandsbeiwerte bei $c_a = 0,1$ für verschiedene
Dickenverhältnisse.

(Siehe Luftfahrtforschung 1937, Lfg. 10, S. 483, Bild 10.)

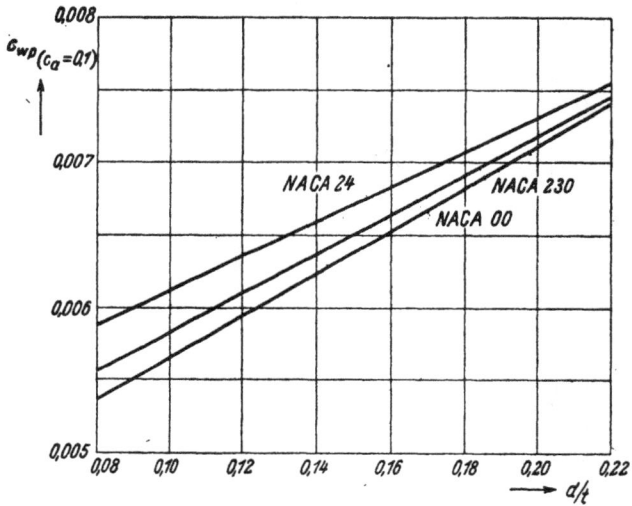

Bild 41: c_{wp} bei $c_a = 0 = f(d/t)$.

Profilwirkungsgrad als Funktion der Dicke.

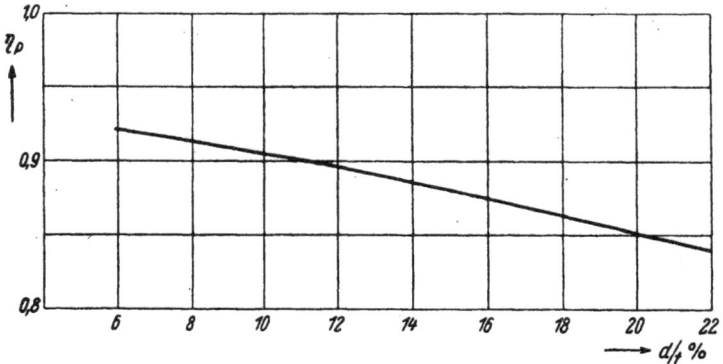

Bild 42: $\eta_p = f(d/t)$.

Höchstauftriebsbeiwerte $c_{a\,max}$ als Funktion der R-Zahl.

Profilreihe NACA 23 009 bis 23 018.

(Siehe Luftfahrtforschung 1937, Lfg. 10, S. 482.)

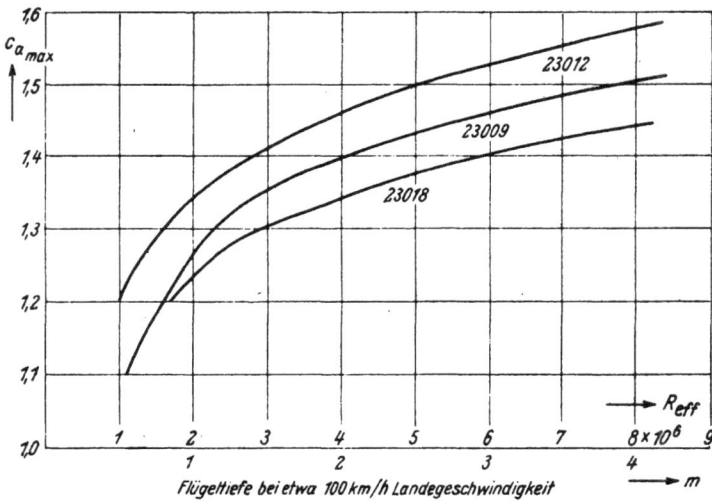

Bild 43: $c_{a\,max} = f(R_{eff})$.

Profilreihe NACA 2409 bis 2421.

(Siehe Luftfahrtforschung 1937, Lfg. 10, S. 482.)

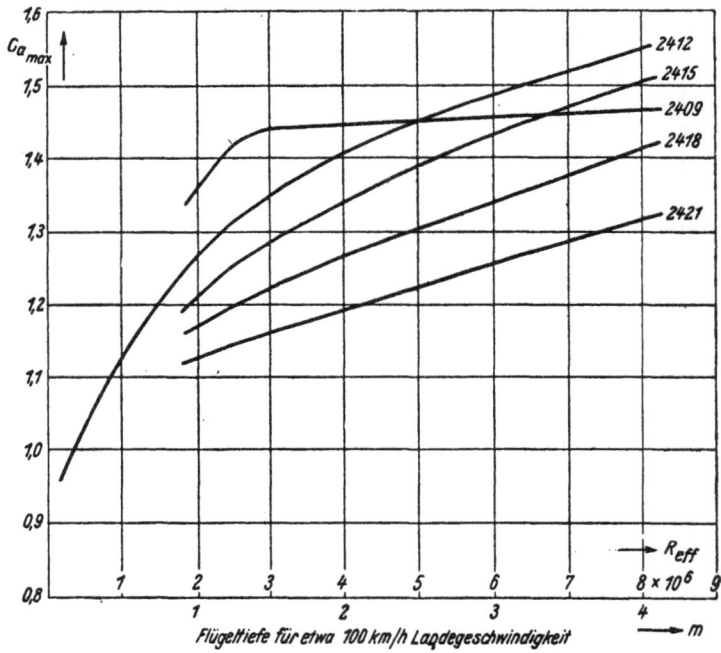

Bild 44: $c_{a\,max} = f\ (R_{eff})$.

b) Zur Flugmechanik.

Leistungsabnahme normaler Bodenmotoren mit der Höhe z.

$N_z = f(z) = \nu_z \cdot N_0$. (Siehe Abschnitt 10c, Formel 54).

$\dfrac{z}{\text{in m}}$	ν_z	$\nu_z \cdot \sqrt{8 \cdot \varrho_z}$	$\dfrac{z}{\text{in m}}$	ν_z	$\nu_z \cdot \sqrt{8 \cdot \varrho_z}$
0	1,000	1,000	7000	0,391	0,271
500	0,946	0,924	7500	0,359	0,242
1000	0,892	0,850	8000	0,328	0,215
1500	0,842	0,782	8500	0,299	0,190
2000	0,791	0,717	9000	0,272	0,168
2500	0,744	0,658	9500	0,245	0,147
3000	0,698	0,602	10000	0,220	0,128
3500	0,653	0,548	11000	0,173	0,094
4000	0,611	0,500	12000	0,122	0,062
4500	0,570	0,454	13000	0,079	0,037
5000	0,532	0,413	14000	0,041	0,018
5500	0,494	0,373	15000	0,009	0,004
6000	0,458	0,336	16000	—	—
6500	0,423	0,302			

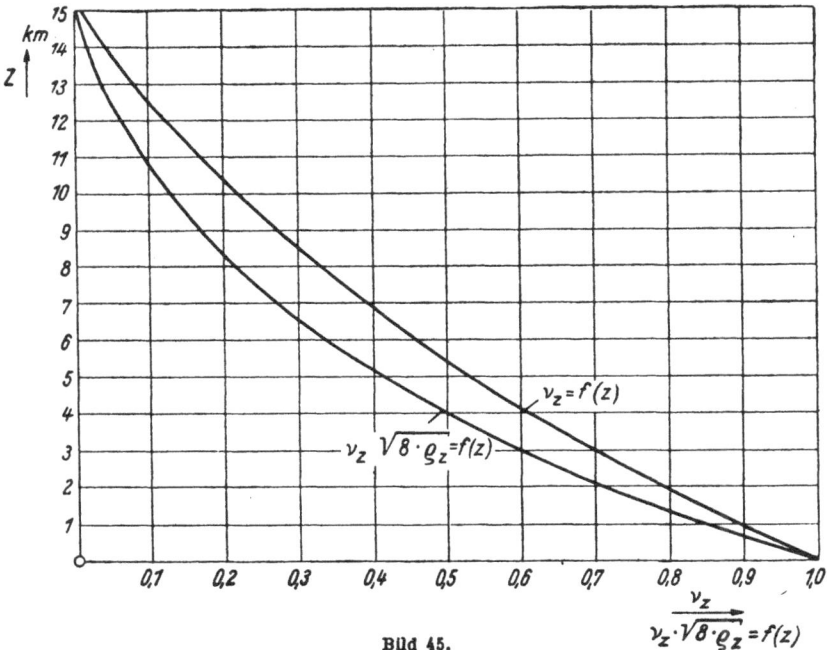

Bild 45.

c) Zur Durchführung der Belastungsfälle.

Böenwirkungsgrad $\eta_{\text{Bö}}$ als Funktion des Faktors $\varkappa$.

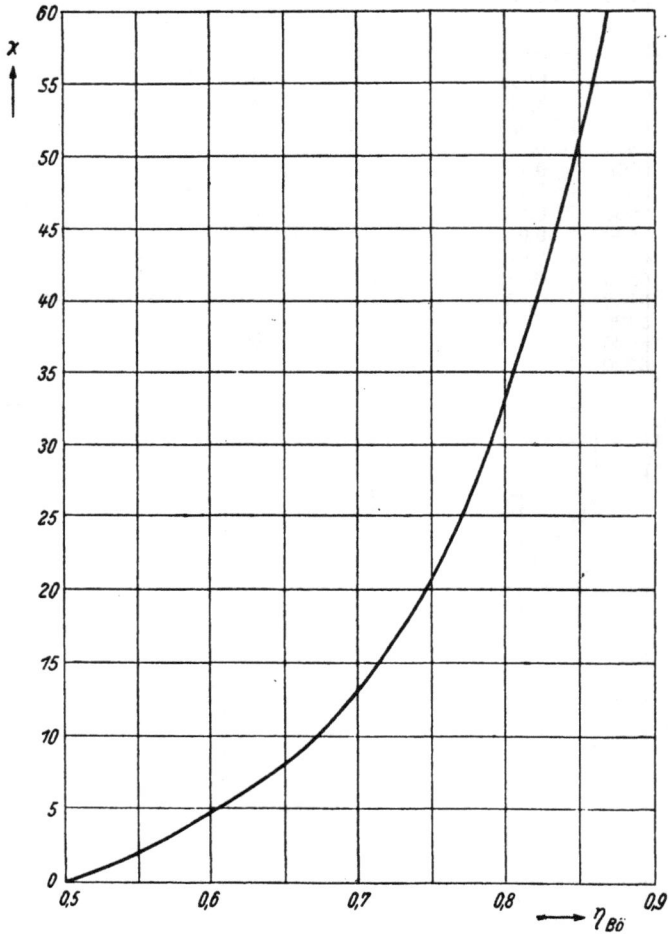

Bild 46.

Ruderwirkung als Funktion des Rudertiefenverhältnisses.

$$\frac{d\alpha}{d\beta} = f\left(\frac{t_R}{t}\right).$$

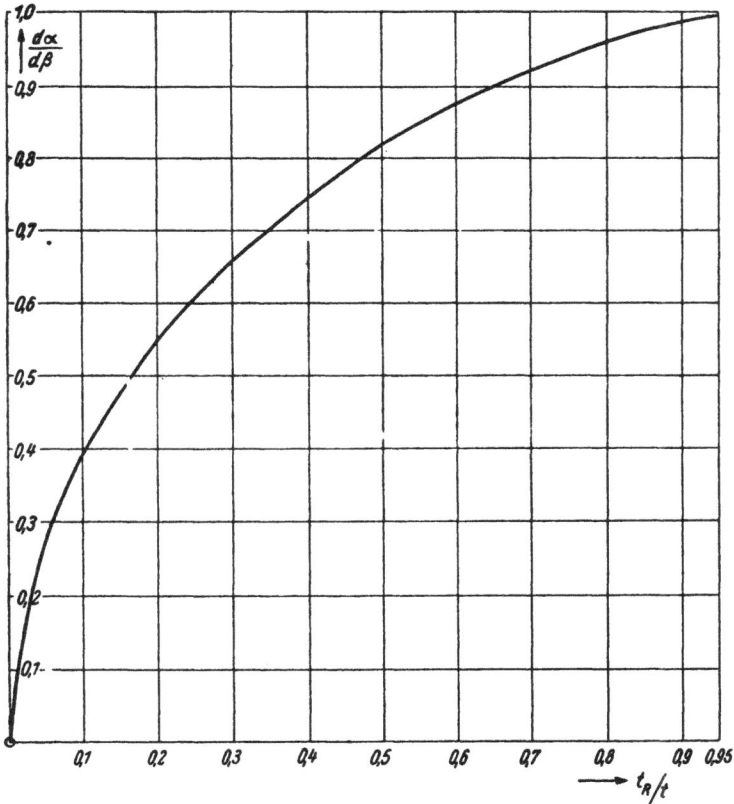

Bild 47.

Ruderwirkungsgrad in Abhängigkeit vom Ruderausschlag β.

$$\eta_\beta = f\,(\beta).$$

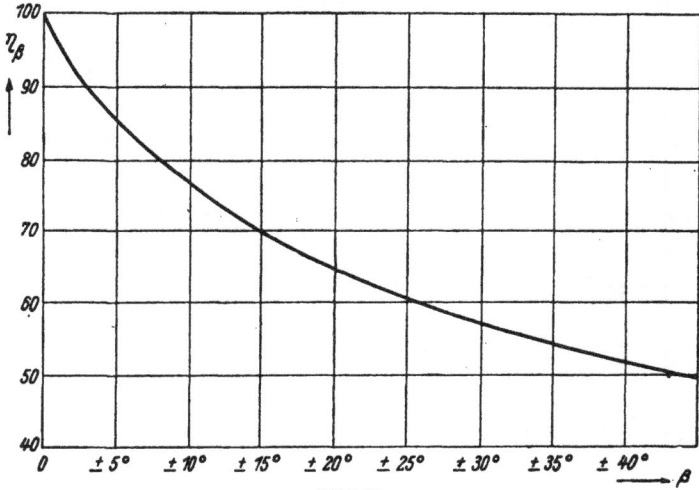

Bild 48.

Änderung des Momentenbeiwertes als Funktion des Rudertiefenverhältnisses.

$$c'_m = f\,(t_R/t).$$

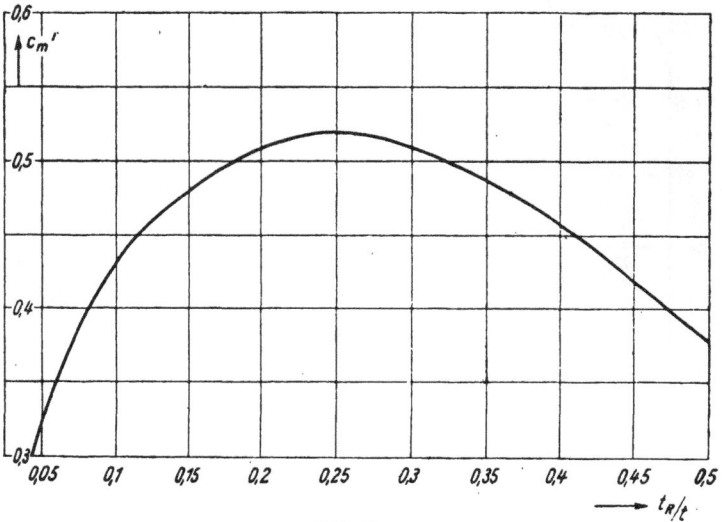

Bild 49.

Änderung des Rollmomentenbeiwertes
in Abhängigkeit des Querruderauschlagwinkels als Funktion
der Flügelform und der Querruderlänge.

$$\frac{d\,c_{mq}}{d\,\beta_q} = f\left(t_a/t_i \ \text{und} \ l_q\Big/\frac{b}{2}\right).$$

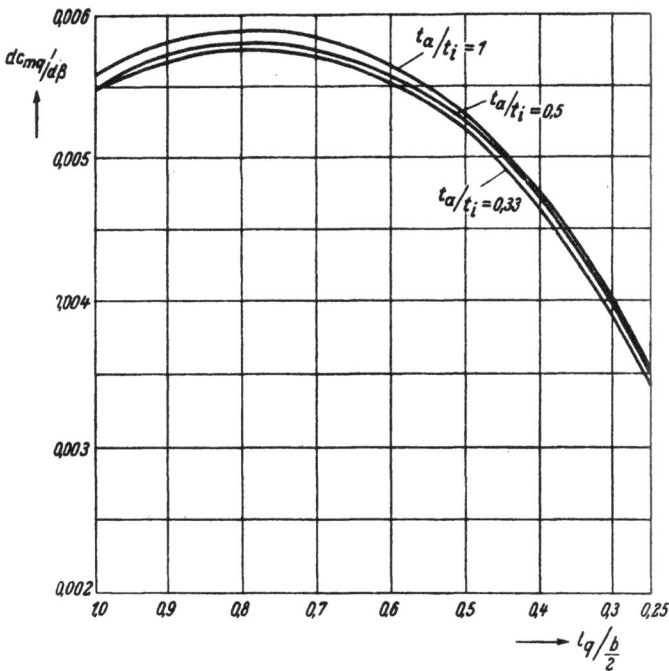

Bild 50.

Sachverzeichnis.

Grundsätzliche Untersuchung des Instrumentefluges

Von G. Arturo Crocco. 91 Seiten 5 Abbildungen. Gr.-8⁰
1942   Pappband RM. 4.80

Grundlagen der Flugzeugnavigation

Von Prof. Werner Immler. 4. Auflage. 229 Seiten, 198 Abbildungen, 20 Rechentafeln, 17 Tabellen. Lexikon-8⁰. 1942
Kartoniert RM. 14.—

Flugzeugberechnung

Von Dr.-Ing. Rudolf Jaeschke.

Bd. I: Strömungslehre und Flugmechanik. 4. Auflage. 174
Seiten, 88 Abbildungen. 21 Zahlentafeln. 8⁰. 1943
RM. 6.—

Bd. II: Bearbeitung von Entwürfen und Unterlagen für den
Festigkeitsnachweis. 3. Auflage. 202 Seiten, 64 Abbildungen, 38 Zahlentafeln. 8⁰. 1943   RM. 6.—

Der Vogelflug als Grundlage der Fliegekunst

Von Otto Lilienthal. 4. Auflage. Faksimile-Wiedergabe der
ersten Auflage mit den handschriftlichen Ergänzungen des
Verfassers. 194 Seiten, 80 Abbildungen, 8 Tafeln. Gr.-8⁰. 1943
Halbleinen RM. 8.80

Bauelemente des Flugzeuges

Von Prof. Dr.-Ing. Herbert Wagner und Dipl.-Ing. Gotthold
Kimm. 2. Auflage. 296 Seiten, 280 Abbildungen. 8⁰. 1942
Halbleinen RM. 11.80

R. OLDENBOURG · MÜNCHEN 1 UND BERLIN

www.ingramcontent.com/pod-product-compliance
Lightning Source LLC
Chambersburg PA
CBHW031443180326
41458CB00002B/623